崔诚靓 著

硬功夫

助你精进的八大硬核技能

天地出版社 | TIANDI PRESS

图书在版编目（CIP）数据

硬功夫 / 崔诚靓著. —成都：天地出版社, 2019.7
ISBN 978-7-5455-4711-5

Ⅰ. ①硬… Ⅱ. ①崔… Ⅲ. ①成功心理 – 通俗读物 Ⅳ.
①B848.4–49

中国版本图书馆CIP数据核字（2019）第047737号

YING GONGFU

硬功夫

出品人	杨　政	
作　者	崔诚靓	
责任编辑	杨永龙	
装帧设计	今亮后声 HOPESOUND pankouyugu@163.com	
封面图片	CFP	
责任印制	葛红梅	

出版发行	天地出版社
	（成都市槐树街2号　邮政编码：610014）
	（北京市方庄芳群园3区3号　邮政编码：100078）
网　　址	http://www.tiandiph.com
电子邮箱	tianditg@163.com
经　　销	新华文轩出版传媒股份有限公司

印　　刷	北京文昌阁彩色印刷有限责任公司
版　　次	2019年7月第1版
印　　次	2019年7月第1次印刷
开　　本	710mm×1000mm　1/16
印　　张	16.5
字　　数	259千字
定　　价	45.00元
书　　号	ISBN 978-7-5455-4711-5

咨询电话：（028）87734639（总编室）
购书热线：（010）67693207（营销中心）

本版图书凡印刷、装订错误，可及时向我社营销中心调换

真正厉害的人都在
暗下硬功夫

RECOMMENDED LANGUAGE

推 荐 语

王少剑
新奥能源 CEO

这本书不仅适合年轻人读，也适合企业家、管理者读。要想管理好别人，就要先管理好自己。书中讲述了对大趋势的判断、积累知识的方法、经营职场的秘籍以及对婚姻家庭的看法等，内容非常丰富，是打造更优秀自己的最有效的方法论。

尹晓葳
Fremantle Media 中国区 CEO

在优渥的物质条件和全球化背景下成长起来的当代年轻人比以往任何时代都更迷茫。信息的过剩和碎片化让年轻人不知道如何听从自己内心的声音，从而认识自己。这本书从一定程度上帮助年轻人解决了这个困扰。在竞争激烈的社会，每一个人都可以像打造艺术品一样塑造优秀的自己，也都需要练就自己的硬功夫。我把这本书推荐给了周围年轻的朋友们读，也推荐给你们！

黄　旭
沈阳维信教育集团校长

这是一个智慧的年代，也是一个愚蠢的年代：在迅疾变化的大时代背景下，我们每一个人都需要掌握时代的脉搏和人生的节奏，需要书籍带给我们启发，知识引领我们的思想。《硬功夫》是可以指引我们成功的要素之一，每一篇文章都极具可读性和启发性，可以让我们的内心在当下的时代愈发有定力！

PREFACE

自 序

越是精英，越懂得下硬功夫

在成年人的世界里，普通是一种常态，当你看到一个人脱颖而出的时候，他早已拥有远远超越常人的势能。可惜我们只是看到了最后的结果，却鲜有可能了解这背后的积累。

时间对于每个人都是公平的，但是有的人在时间中成长，积累了财富、人脉、经验和教训，而有的人却总是在原地踏步，用一年的经验浑浑噩噩地应付了十年。所以我们才看到不同人的一生有着天壤之别。

大成功靠时代，小成功靠自己

影响人一生取得成就的因素纵然很多，但是最重要的往往只有几个关键点。顶级商业咨询师、杰出的企业家、博学的大学教授、高级管理者等，他们虽然身处不同行业，经历不同年代，但是他们身上却有着令人吃惊的相似的成功密码。

我很幸运，在读书的时候就结识了很多优秀的人，见证他们一步步走向人生巅峰，之后又在工作中接触到很多成功的企业家，这让我有机会近距离观察他们的真容，解读他们的成功。

共性一：深度认知，宏大格局

对事物的认知程度谓之格，认知的范围称为局，此谓格局。不同的人，对事物的认知范围和程度都不尽相同，所以不同的人的格局是不一样的。不可否认的是，一个人掌握的知识越多，思考越深，对这个世界的理解就越全面，也就更容易拥有更大的格局。在事业上、生活中，有的人浅尝辄止，万事万物犹如过眼云烟；有的人鞭辟入里，不断地寻找事物间的联系，长期积累，就变得融会贯通了。而人与人之间的差距就这样一步步地扩大了。如果在很早的时候用心体察世界，就很容易成为同龄人中的佼佼者。

麦肯锡是全球排名第一的商业咨询公司，为企业领导者提供决策支持。就职于麦肯锡的冯聿娴是我大学师姐，她具有极强的逻辑思考能力，善于从碎片信息中经过不断的推演得出令人信服的结论。这种深度认知能力同样也是很多牛人的共性，而他们之所以能拥有这样的能力，关键在于他们拥有在碎片信息中建立知识体系的硬功夫，以及独立思考、判断事物底层逻辑的真本事。

回望人类历史，每次出现不同的媒介，都会带来知识的革命。从语言产生、岩壁画像到竹简、纸张，再到印刷术的出现，让知识的大范围传播成为可能。而进入工业革命以后，新技术层出不穷，从广播、电视、互联网到移动互联网，再到现在的虚拟现实、人工智能逐渐普及，人类再一次面临新的知识革命。

在知识爆炸和时间碎片化的大背景下，**真正的高手绝不只是知识的收集者，更是方法论的创造者。**知识从产生，到不断地被证实，再到普遍接受，存储到人类共同的知识殿堂里需要漫长的过程。而随着互联网技术的普及，这一过程大大缩短。原有的知识创造方式是中心式的，由学术小团体、权威机构发现，并通过出版物发表；而现在的知识创造是分布式的，每个人，甚至每台机器都可以创造知识，并且知识的验证和传播都是极其迅速的。

那种为学习而学习，为读书而读书，无论是对被动接收的信息还是对不加筛选的知识都全盘接纳的人，其实是知识世界里的"穷忙族"，看似努力地做了很多事情，但是几乎没有多少收益。

构建个人知识结构，提高知识获取效率，形成知识闭环，不断总结可以解决各种问题的方法才是我们真正要做的事情。

共性二：严格自律，持之以恒

时间最熬人。它让风度翩翩的少年变成大腹便便的中年大叔；它让妙龄少女变成广场舞阿姨。花有重开日，人无再少年。时间教会我们最重要的一课就是珍惜。

我们总是高估自己在短期内能完成的事情，却又低估自己长期所能取得的成就。

回想一下，你有没有至少一项坚持了十年以上的有益习惯？如果有，那么这个习惯在很大程度上一定给你带来了非常多的收获，如果是一项技能，那你在这一领域肯定拥有非常强大的竞争力。

要想成为更好的自己，就要把时间用到那些可以让自己不断增值的事情上，而时间也总是加倍回报那些长期坚持的人。

Fremantle Media 中国区的 CEO 尹晓葳女士是我的高中学姐，她无论是在工作上还是生活中都非常自律。

在复旦大学读书期间，她就坚持每天 6 点起床锻炼身体，十几年如一日。自律是她保持容颜的秘诀，也是其取得成功的关键。和很多人的直觉相反，自律也有科学的培养方法。

克制自己的欲望本身是反人性的，而本书可以告诉你最符合实战的自律培养方法，让你战胜自己，绝不拖延。用时间之尺，塑造一个自律的自己，你也会拥有自己想要的人生。

共性三：心态成熟，精神丰富

今天整个世界都因为互联网的信息传递和便捷的交通方式而变得越发像是一个地球村。

不要因为害怕失败而放弃参与，否则你永远是一个旁观者。人在很长一段时间里，尤其是年轻的时候，自己的视野是受限于环境的。你必须要经过一番努力，战胜一些困难，反复尝试与不断积累后，才能突破既有的枷锁，成为一个真正独立的自己。

当你走出去看到更大的世界的时候，并不意味着你也可以达到你看到的目标。在小一点的差距面前，你努力一下可能就达到了；但在巨大的差距面前，一个人往往会心态失衡。考验一个人的正是在巨大的差距面前，你是否还能沉下心来，踏踏实实地努力下去。

也许经历了世间的种种你才会发现自己想要什么，虽然得到的可能并不多，但是你却会心满意足。

做时间的朋友，让时间慢下来

在数据分析领域有一种算法叫主成分分析法，其原理是在众多因素中找到几种对结果影响最大的因素。

其实，细细想来，决定人生的不也是一些关键因素吗？大部分人追求的无非是事业有成，家庭幸福。

你要有比较强的学习能力，积累知识，不断思考，才能在职场上有所成就；你要有所坚持，处理好各种关系，塑造个人的人格魅力，不断经营，才能在爱情和婚姻上收获幸福。

要想真正有所成就，你就要做这个时代的明白人，结合自身实际和客观环境，充分把握这些关键因素，真正地去下一番硬功夫。

这不是一本读完之后能让你热血沸腾的书，相反，你甚至会变得很冷静。这种冷静很可能是因为你突然间意识到，浮华似梦的理想并非一蹴而就。诱人的远方虽能激发你上路的决心，但一上路就迷失，走几步就没了热情，反倒会走不远。在你知道目标在哪里的时候，你更要知道为什么去那里，怎样到那里，还有你要选择与谁同行。如此这般，你才会每走一步都有充实感。

人生韶华总是让人觉得短暂，过来人的经验再也不能讲给年轻时的自己听了，却可以讲给你听。在写书的过程中，我先后采访了几十位过来人，他们有政府官员、上市公司的CEO、律师事务所的合伙人、麦肯锡的咨询顾问、大学教授等，我整理了他们的经验教训，融合到了书里面。每篇文章后，我还精心选取了与主题相关的三本书，指引你进一步去探索。

人的成长往往是一瞬间的事，某一刻的顿悟就可能对你的整个人生产生很大的影响。越努力越幸运，当你掌握了正确的方法，不断地实践、总结、调整后，时间会像朋友一样回馈于你，而每一位全力以赴的人，也都值得拥有更好的生活。

嗯，越是精英，越懂得下硬功夫。

CONTENTS
目 录

01

在未知中寻找确定性

　　未来具有不确定性，但你知道得越多，对世界的理解就越全面。年轻时，要勇敢地走出自己的舒适区，找到自己内在正向的强烈动机作为人生支点，全力以赴去争取自己想要的生活。

人和人之间的差距是如何一步步扩大的

——洞察世界的"黄金圈法则"

成为独立的你

人在很长一段时间里，尤其是年轻的时候，自己的视野是受到原生家庭的局限的，甚至大部分人一辈子也没有走出自己原生家庭的影响。这是因为当你尚不具备判断能力时，你最基本的认知就来自那里。不仅是你的世界观、人生观、价值观会受到它的强烈影响，而且你为人处世的方式、思考问题的角度都会受到家庭、最亲近的人的影响。在潜移默化中，我们每个人身上其实都有父母、亲戚的影子。

但从另一方面来看，原生家庭对你影响程度的大小，则来自你个体独立的力量和家庭影响的力量对比：你个体独立的力量越大，原生家庭的影响越小；你个体独立的力量越小，那么原生家庭的影响越大。

每个人出生后都有一个生物的自我，还有一个家庭的自我，随着你后来受教育，还有一个教育的自我。在受教育的阶段，你有机会睁开眼睛看世界，了解世界跟你的家庭不一样的地方，加之在社会上历练，这个时候你有机会形成自己独立的认知和追求。通过这些你如果能够形成这种独立的认知，你会批判或者借鉴家庭给你的"三观"、处事方式，形成自我的世界观、价值观和人生观，这个时候原生家庭的影响会越来越小，你会形成一个独立的自我。

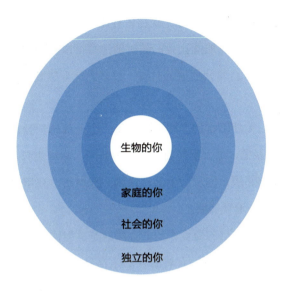

图 1-1　从生物的你到独立的你

投身洪流，深度参与到世界的变化之中

这个世界正变得越来越复杂，社会的分工也越来越细化，即使是很简单的商品，背后也有着极其复杂的协作体系。而当毛病出现的时候，我们甚至无从下手，连一个像样的问题都提不出来。绝大部分的成功人士，在普通人眼里也只是一个符号，很少有人愿意再去相信他们精雕细琢的传记。**信息越发廉价，要想知道世界正在发生什么，你需要自己投身洪流之中。**

《世界是平的：21 世纪简史》这本书的作者托马斯·弗里德曼是《纽约时报》的专栏作家，曾三次获得普利策奖。在这本书中，作者预言道，随着科技的发展与传播，尤其是互联网的普及，加上跨国公司在全球范围内的布局，以及发展中国家不断地被纳入全球供应链体系中，这个世界彼此间的连接将变得异常紧密，各国都将获得更公平的竞争机会，世界也因此将变得更为"平坦"。

当弗里德曼写这本书的时候，还没有预见到以苹果为代表的智能手机和移动互联网可能为世界带来的变化。现在，智能手机上的社交软件、即时通信软件、照片分享软件、在线地图让我们随时随地都可以看到世界的各个角落，了解不同人的生活状态。每到假期的时候，很多人甚至感慨，通过微信朋友圈就游遍了全世界。

便捷的交通、无处不在的互联网，让每一个人都感觉到近在咫尺，却又遥不可及。手机 App 里，每天都是商业大佬的新闻，你对他们一举一动的了解甚至远远超过了你的邻居；你从一个县城来到一线城市，只用了几个小时，但是却感觉和他们隔了一道玻璃墙。

你可以看到进进出出的商业人士、金融巨子，但你并不了解他们在从事什么工作，平时聊些什么事情，有着怎样的生活状态。所以你始终是一位旁观者。当你说，我也想衣着光鲜，西装革履，在几十层高的大厦里办公的时候，你想要的只是这个浮华表面，你甚至不知道自己要从做什么开始。

没有了参与度，你并没有真正地看清楚这个世界。只有真正地去和世界里的人打交道，做事情，参与其中，你才算看过了这个世界。

黄金圈法则

美国著名营销顾问西蒙斯·涅克提出的"黄金圈法则"刚好为我们提供了一个洞察世界的武器。黄金圈由三个同心圆组成：最外层是 what（是什么），即我们看到了什么，展现在我们面前的结果是什么；中间层是 how（如何做），我们要思考怎样才能得到这个结果，要采取怎样的措施，运用什么样的方法才能得到这个结果；核心层是 why（为什么），即做一件事情的目的是什么，是由怎样的理念支撑的。

有的人浅尝辄止，万事万物犹如过眼云烟；有的人鞭辟入里，不断地寻找事物间的联系，长期积累，就变得融会贯通了，而人与人之间的差距就这样一步步扩大了。如果年轻人在很早的时候就用心体察世界，那么他很容易成为同

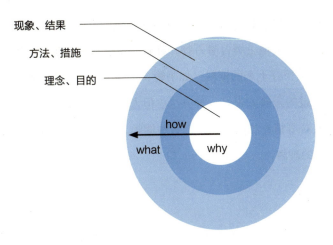

现象、结果

方法、措施

理念、目的

how

what　why

图 1-2　由表及里的黄金圈法则

龄人中的佼佼者。

　　黄金圈法则就好比是行走江湖的一把利剑。在接下来的日子里，随着时间和空间的延展，你要通过实践，真正地参与其中，不断地体察和拆解物、事、人之间的关系与连接。那么，世界将以崭新的姿态展现在你的眼前，而你也会越发觉得拥有对自己和这个世界的掌控感。

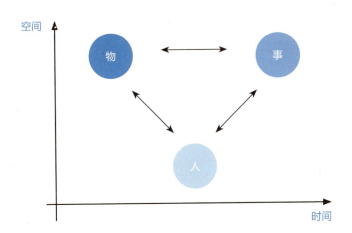

空间

物　　　事

人

时间

图 1-3　从时间与空间维度去看待世间万物的联系

空间是客观存在的，行动起来，你就可以前往。但时间却是抽象的概念，有其单向性，要想深刻地了解万事万物，你就一定要从更久远的时间视角来掌握来龙去脉。阅读留存下来的资料，如书籍、文章、论文是跨越时间限制的一个途径，和经历过的人聊天也是一种方法，但人往往会有主观的判断和个人的感受，这会让人对事情真相的认识变得有些偏颇。不过，分享那种感受，也会让自己有更深刻的理解。

【推荐阅读】

《从"为什么"开始：乔布斯让 Apple 红遍世界的黄金圈法则》，[美]西蒙·斯涅克著，苏西译，海天出版社，2011，豆瓣评分 8.1 分。

《世界是平的：21 世纪简史》，[美]托马斯·弗里德曼著，何帆、肖莹莹、郝正非译，湖南科学技术出版社，2006，豆瓣评分 7.7 分。

《人类简史：从动物到上帝》，[以色列]尤瓦尔·赫拉利著，林俊宏译，中信出版社，2014，豆瓣评分 9.1 分。

择一城而居，会影响家庭几代人的命运

——大城市的可能性远远超出你的想象

大城市的虹吸效应

1964 年 10 月 1 日，东京奥运会开幕前夕，代表着日本速度的"新干线"高速列车，从东京始发开往了当时的日本第二大城市大阪，全程时间从之前普通列车的 6 个多小时，压缩到 3 个小时以内。

彼时的设计者希望通过压缩东京到大阪的时空距离以平衡两者的发展，可 50 年过去了，日本大阪人口从 1965 年的 310 万人降低到 2018 年的 270 万人，降低 13%；东京人口从 1000 万人增长到 1350 万人，增长 35%，而以东京市区为中心，半径 80 公里的东京都市圈，人口更是达到了 3700 万人，东京都市圈以占全国面积 3.5% 的土地，承载了全国三分之一左右的人口，创造了近半的国内生产总值。更可怕的是，即使到今天，在日本近九成的乡镇人口持续减少的同时，东京人口仍保持着 0.5% 的年均增长率。

这在区域经济学上叫作"大城市的虹吸效应"，大城市以其优质的基础设施与公共服务，如教育、医疗、娱乐设施，吸引着更多的人才，因此拥有更高的生产效率，会吸引更多的资源进一步集中，最后会像滚雪球一般，越滚越大。**强者越强，弱者越弱，人与人之间有竞争，城市与城市之间也有竞争。**

而这一切也正在中国如出一辙般地上演着。以京津冀、沪宁杭、粤港澳为代表的三大都市圈，正吸引着全中国的人才；各个省份的省会，因为高铁的修建也变得越发具有吸引力。

事实上，我们提到美国的时候，能想到的也只是西海岸的洛杉矶、旧金山，中部的芝加哥，东海岸的纽约。我们想到欧洲的时候，想到的也只是伦敦、巴黎、柏林等国际大都市。

国家、区域的发展差异化，向少数大城市集中是客观发展规律，并不以人的意志为转移。

中国的发展已经进入了更新换代的新阶段。城市分工明确，层次逐渐显现。虽说是共同富裕，但历览各国发展情况，即使在美国、欧洲，各地区间的发展也是不平衡的。

事实就在眼前，京津冀、长三角、珠三角在迅猛发展，即使在产业升级过程中也是在不断往高处走。四川、湖北、湖南这些人口、资源大省就好像是新兴的经济体，发展蓬勃。

为什么大城市会有如此大的魅力，吸引着来自四面八方的人们？以现在蓬勃发展的互联网公司为例，2017 年中国互联网企业价值榜前 100 名，北、上、广、深、杭这五座城市占了 88 家，仅北京一座城市就拥有 48 家。随着中国人民生活水平的提高，娱乐行业也迎来了大发展，电影行业特别火，那些帅哥靓女明星们都在哪里呢？大部分都去了北京，因为中国五大电影制作公司的总部全在北京，它们每年制作 80% 左右的电影，创造了近 50% 的票房。更别说其他高科技行业、金融服务业了，基本都集中在了北、上、广、深四座城市。

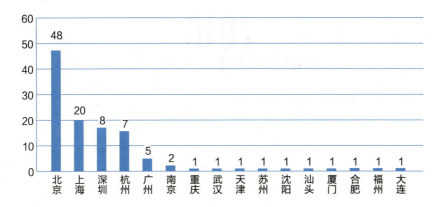

图 1-4　2017 年中国 Top 100 互联网公司总部所在地分布图（数据来源：艾媒咨询）

择一城而居，年轻人的机会之城在哪里

一座城市越大，人口越多，行业种类越全，分工越细，专业度就越高，竞争力也越强。但随着人口的聚集，大城市会变得越来越拥挤，宜居性就会降低，像北、上、广、深这四座城市的宜居性就在不断降低。那我们如何从剩下的城市中寻找具有潜力的发展空间呢？

第一财经集团的新一线城市研究所每年会基于 160 个品牌商业数据、17 家互联网公司的用户行为数据和数据机构的城市大数据，按商业资源集聚度、城市枢纽性、城市人活跃度、生活方式多样性和未来可塑性五大指标，对中国 338 个地级以上城市，采取专家打分的方式进行排名。2018 年前 15 座最具有潜力的"新一线"城市包括成都、杭州、重庆、武汉、苏州、西安、天津、南京、郑州、长沙、沈阳、青岛、宁波、东莞和无锡。

这 15 座城市就是最具有潜力的"新一线"，它们往往都是地区的中心城市，如果你觉得直接去一线城市会太辛苦，那就尽量去这 15 座城市发展。**择一城而居，可以影响家庭几代人的命运，如果说人生意义的话，那么这种承上启下的作用应该是最重要的一个了。**

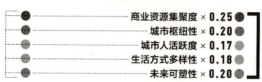

2018
中国城市商业魅力排行榜

商业资源集聚度	× **0.25**
城市枢纽性	× **0.20**
城市人活跃度	× **0.17**
生活方式多样性	× **0.18**
未来可塑性	× **0.20**

中国城市商业魅力指数
· · · · ·

一线城市排名

城市	指数
上　海	188.55
北　京	186.62
深　圳	119.97
广　州	119.67

新一线城市排名

排名	城市	指数
❶	成都	100
❷	杭州	87.30
❸	重庆	84.67
❹	武汉	80.73
❺	苏州	75.95
❻	西安	70.40
❼	天津	69.31
❽	南京	68.59
❾	郑州	56.15
❿	长沙	53.77
⓫	沈阳	52.06
⓬	青岛	50.63
⓭	宁波	48.30
⓮	东莞	48.22
⓯	无锡	47.79

THE RISING LAB　　CITIES BEYOND DATA

· EXPLORE **THE IDEAL** CITY
· 数据发掘城市未来

图1-5　2018年中国城市商业魅力指数（数据来源：《2018年中国城市商业魅力排行榜》）

只有大城市才有的高密度人生

很多年轻人会有一种误判，这些城市已经很拥挤了，如果我不是那么优秀，还有机会吗？在城市规划领域有一个衡量国家、地区城市发展水平的参数叫作"城市化率"，是城市常住人口占地区总人口的比率。2018年，中国城市化率是58.5%，世界主要发达国家和地区的城市化率都达到了85%～90%的水平，中国目前的城市化率每年提高1%左右，类比欧美日，未来30年，中国将有30%的人口走进城市，年轻人只要勇敢一点，多一些坚持，完全可以留在大城市中。

在今天交通如此便捷、交流如此频繁的时代，如果年轻的时候就图个岁月静好，恐怕将来会有太多的遗憾。

毕业后到底是去大城市闯一闯还是去小城市安稳下来，是很多年轻人面临的抉择。从工作和生活两方面来看，我们可以列出来很多的优势与劣势。很多年轻人会怀疑大城市究竟能给他们带来什么，**就像大城市集聚更多人口那样，大城市真正能给我们带来的正是更高密度的人生。在同样的时间里，你会遇到更多的人，做更多的事情，体验更丰富的人生，因此你才会有更多的可能性。**

很多年轻人会担心房价的问题，看到过高的房价会有种望洋兴叹的感觉，尤其是工作的时候，会和同龄人比较，也有很大的落差感。中国大城市的房价确实很高，依照衡量房价合理性的租售比，即房价与出租价格的比值看，房价远远偏离实际。

短期的房价看市场的供需，长期的房价是要看人口的。由于国内严格的计划生育政策，90后人口数量呈现断崖式下降。依据中国人民大学的中国人口与发展研究中心的报告，中国将在2020年左右迎来人口高峰，之后将逐步下降。没有那么多人口，就不需要那么多的房子，长期的房价就会下降。

这些年，国家又出台了多项鼓励大城市建设长期租赁房的政策，以北京、

表 1-1　大城市的优劣势比较

	优　势	劣　势
工　作	赚得多 成长快	竞争压力大 加班多
生　活	丰富多彩 熟人多	消费高 朋友少

上海为例，2018 ~ 2020 年，每年会拿出新增用地的 20% ~ 30% 用作租赁住房建设。像美国的洛杉矶、纽约、旧金山，日本的东京、大阪这些大城市，租房者数量占到城市人口的近 50%。而目前国内一线的租房率仅为 35% 左右。随着政策的完善，越来越多的房企变身大房东，大城市的租房者与买房者的生活质量会一样高。你不买房就可以安定地生活下来。

至于与大城市同龄人的差距，你更应该看看自己走过来的路，与自己的起点比，你已经走得足够远。哪怕有一天真的要回去，在大城市的历练，也一定能让你在那个城市脱颖而出。

人的一生就是不断尝试各种可能性的过程，而大城市更大的市场、更多的机会、更广阔的舞台将为年轻人提供更高密度的人生。

年轻时，不要怕，勇敢地去闯，结识朋友，发现自己，探索世界；中年以后，不用悔，不因自己的选择而后悔，不因自己的错过而遗憾，不因自己的懈怠而惭愧。

【推荐阅读】

《2018 年中国城市商业魅力排行榜》，第一财经集团发布。

《城市的胜利：城市如何让我们变得更加富有、智慧、绿色、健康和幸福》，

[美] 爱德华·格莱泽著，刘润泉译，上海社会科学院出版社，2012，豆瓣评分8.1分。

《城市社会学：城市与城市生活》，[美] 约翰·J. 马休尼斯、文森特·N. 帕里罗著，姚伟、王佳等译，中国人民大学出版社，2016，豆瓣评分7.5分。

瞬息万变的世界里，固守一处有很大的风险

—— 如何做一个斜杠青年

斜杠青年必然出现的原因

从学校进入社会，每个人都成了社会的生产者，工作占据了人生的大部分时间。理想的工作是你的擅长、热爱、社会需要与回报的平衡。可工作是双向选择的过程，一个残酷的事实是，绝大部分人都没法找到自己满意的工作。找到自己擅长、热爱且还赚钱的工作更是难上加难。很多时候，我们甚至会怀疑，这样的工作真的存在吗？而在工作不能满足我们所有需求的时候，工作之外，我们需要一个出口。

对我们的父母这代人来说，在他们 18 ~ 25 岁的时候，基本就已经完成了婚姻、家庭、事业的选择。事实上，一直到 2000 年，我国大学生才全面取消毕业分配制，之前大学毕业生要去哪里工作都是经计划安排的。而现在整个社会受教育时间普遍延长、以房价为代表的生活成本提高、生育年龄普遍推迟，以及社会分工多样化，使得年轻人既不想很快稳定下来，也不能很快稳定下来。简而言之，我们这一代年轻人探索自己可能性的时间延长了。

《纽约时报》专栏作家麦瑞克·阿尔伯撰写的书籍《双重职业》中就提出了"斜杠青年"的概念，意思是拥有多重职业和身份的多元生活的人群——他们

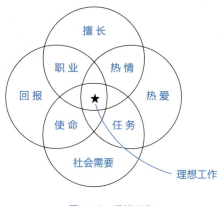

图 1-6　理想工作

可能有份朝九晚五的工作，而在工作之余会利用才艺优势做一些自己喜欢的事情，并获得额外的收入。

比如小李是一名公务员，但业余又是一个摄影师，那么小李就是一个典型的斜杠青年：小李，公务员、摄影师。

成为斜杠青年可能有很多原因：

工作原因：本职工作比较轻松，有富余的时间，不利用就浪费了。

经济原因：需要摆脱贫困，或者想要获得额外的收入。

个人原因：本职工作没有成就感，想在其他方面有一定的发展。

一个合格的斜杠青年必须满足两点：一是不影响本职工作；二是可以通过8小时之外的时间获得收入。

打工无非就是出售自己的时间来换钱，以此拥有稳定的收入来源。合格的斜杠青年，不能因为工作以外的事情影响本职工作，这是大前提。

斜杠的标签区别于普通的兴趣、爱好的关键一点是，做一个斜杠青年可以获得更多收入。这个收入是广义的，不局限于金钱上的收入。吸引粉丝，获得影响力，间接地增强个人能力都是可以的。工作和生活的显著区别是生产与消费。对兴趣、爱好来说也是可以区分为生产型与消费型的。看小说是爱好，但看完小说写出一篇书评，和只看不写完全不同；听音乐是爱好，但与听音乐进而研究乐理知识，学会一门乐器也是完全不同的。这两个例子中前者都只是消耗时间而已，而后者却是在学习新知识，生产新内容，此所谓生产型爱好。

在这个才华可以变现的时代，能通过一些兴趣、爱好获得收入，不正是对才华最好的认可吗？

什么是优秀的斜杠青年

一个优秀的斜杠青年要满足两点：一是斜杠的标签可以成为你的社交货币；二是可以做你喜欢并且有成就感的事情。

由于社会精细化的分工，很多职业你说出来，如果不仔细描述，其他人都不知道你是做什么的。在很多社交场合，斜杠的标签往往可以成为你的社交货币。社交货币是指利用人们乐于与他人分享的特质，来塑造自己的产品或思想，从而达到口碑传播的目的。你的斜杠标签刚好是体现个人多面性的聊天话题，是再理想不过的社交货币了。一个优秀斜杠青年的标签，一定是让你很快成为社交场合焦点的个人亮点。

更理想的状态是你的斜杠标签是你的爱好、特长所在。长期做重复的事情难免无聊，在工作已经很疲倦的情况下，还要把业余时间用在自己厌倦的事情上，真的是一种折磨。

合格的斜杠青年只要满足自己多赚些钱的小愿望就可以了。优秀的斜杠青年一定是达到了充分发挥自己的才华、顺便把钱赚了的境界。

斜杠青年越来越多是当前我国社会发展的必然趋势。

首先，我国产业结构正逐步从第一、第二产业为主向第三产业（服务业）转变。2016年，我国第三产业的比重已经超过了第一、第二产业之和。而欧美发达国家，第三产业占比在70%左右。我们越发依赖创造力和知识经验来创造价值，购买服务成为社会常态。

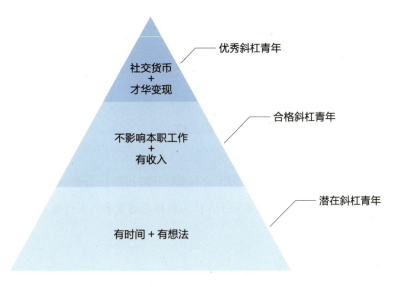

图1-7　从潜在斜杠青年到优秀斜杠青年

其次，互联网为整个世界搭建了虚拟世界的基本框架。各大互联网公司的平台上，有成千上万的用户，每个人都可以成为内容生产者，我们比以往任何时候都更容易找到用户，很多内容生产者甚至成了拥有大量粉丝的网红。

最后，在这个快速变化的世界，一个人固守某一个行业有很大的风险，因为一旦行业出现变动或者公司出现亏损而被裁员，你就没了经济来源。而在一个稳定的行业里，也许你一眼就可以看到自己四五十岁的样子。

新的机会往往出现在蓬勃发展的新领域。新的领域往往并不依赖既有的经验、规则，大家都处在同一起跑线上，一旦你选对了方向，获得了起步期的红利，将很快获得成功。

这个世界总是奖赏那些知识面宽的人，你的知识越全面，对世界的认知就越完整，便越接近于真实的状态，对于规律的把握也就越精准。这样的人才能走在时代的前端，并能在这个复杂多变的商业环境中拥有更高的成功率。

如何成为一名斜杠青年

那么如何成为一名斜杠青年呢?

第一步，稳住基本盘，做好本职工作

人是需要有基本盘作为压舱石来稳住阵脚的。 在你的副业收入没有超过你的本职工作前，你要把本职工作作为最核心的竞争力来打造。

第二步，选准方向

你可以结合自身特长，做工作相关的，或者市场需求旺盛的。 最好是选择那些对你来说投资回报高的领域，这会更容易让你坚持下去。 尤其是最开始的阶段，如果很快能有所成绩，会给自己一个很好的反馈。

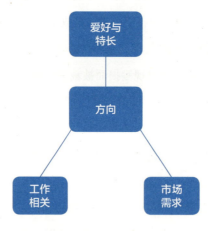

图 1-8　选择自己的发展方向

第三步，善用平台，与网络结合

在互联网时代到来之前，很多事情是没办法全职去做的，因为养不活自己。但互联网连接了每一个人，并且获得每一位新用户的成本几乎没有增加，边际成本是递减的。互联网的"长尾经济效应"使得即使是很个性化的、零散的、小量的需求也可以给你足够的回报，这就给了斜杠青年很多的可能性。你甚至不用做得足够好，只要有人愿意为你付费或者成为你的粉丝，就可以支撑你走下去。这也是共享经济得以全面发展起来的原因。尽量在多个平台同时站位，这样会提升你的关注度，找到更多的用户。

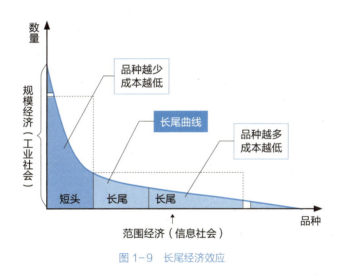

图 1-9 长尾经济效应

第四步，向优秀者学习，不断迭代

我们很难一次把事情做得十全十美，即使可以，也可能会因此错过了最佳成长期。向领域内优秀的人学习，尝试模仿，并在此基础上不断创新、不断迭代是一个很好的进入策略。事实上，在商业领域，公司之间往往就是这样竞争的。

　　一般行业会分成四个发展期，起步期往往有一些抓住机遇的单位，很快会吸引更多的参与者，行业迅速发展，到一定程度，市场饱和，各个公司比较稳定，竞争格局形成，到最后行业也可能衰落。在起步、成长阶段，最好的策略就是模仿，不太需要差异化，大家都能获得收入，等到稳定期竞争激烈了，逐步要通过差异化才能留住客户。

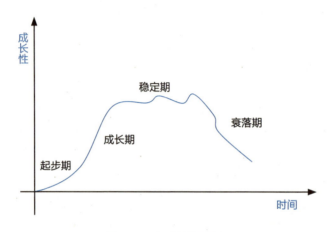

图 1-10　行业的发展阶段

第五步，打造个人社交货币

　　一个优秀的斜杠青年，他的标签往往可以成为很好的社交货币。茶余饭后的谈资也好，结识兴趣相投的新朋友也罢，甚至很容易让你成为社交场合里的明星。

　　很多事情，比如写作、摄影、运动虽然很好入门，但是很难脱颖而出。要想做好就需要不断学习、刻意练习才能有所成就。对个体来讲，如果有自己的绝对领域（就是那些特别擅长的事情），往往会让人更有自信。而与本职工作有反差的标签，则可以展示更立体的自己，制造惊喜，让大家觉得有趣。

以个体的有限面对世界的无限，就必然存在选择和取舍。很多时候，我们选择一份工作、一项投资，都有一定的风险，如果可以，多参与一次，获胜的概率不是更大一些吗？做一道简单的算术题，如果成功率是1%，意味着失败率是99%。按照反复尝试100次来计算，那失败率就是99%的100次方，约等于37%。最后我们的成功率应该是100%减去37%，即63%。

当你不断尝试的时候，哪怕是1%赢的概率，都可以不断攀升到63%，如果你能多吸取教训，总结经验，成功的概率就更大了。

有心栽花花不开，无心插柳柳成荫。当你多了一份尝试，生活就多了一分可能。工作之外的时间，你完全可以为自己创造一个新天地，这种可能性会让你永葆希望，充满动力。

【推荐阅读】

《斜杠青年：如何开启你的多重身份》，Susan Kuang 著，湖南文艺出版社，2017，豆瓣评分6.7分。

《如何成为一个有趣的人》，王小圈著，电子工业出版社，2017，豆瓣评分6.9分。

《斜杠创业家：如何摆脱朝九晚五的束缚》，[美]金伯莉·帕尔默著，谈申申、孙思栋译，江西人民出版社，2017，豆瓣评分7.3分。

人都讨厌痛苦，但痛苦是成长的必修课

—— 了解痛苦，跳出舒适区与不断复盘

苦难的价值

痛苦是无法避免的，越是逃离，痛苦便越是如影随形。佛教中有八苦之说，"生苦、老苦、病苦、死苦、怨憎会苦、爱别离苦、求不得苦及五阴炽盛苦"。这八苦有身体上的苦，有精神上的苦。事实上，人的欲望得不到满足，就会觉得痛苦。

由俭入奢易，由奢入俭难。每个人的环境着实不同，但在成长中都会遇到各种各样的挫折。年轻时吃苦可能激发你奋斗的动力，让你寻求改变。15 岁的人发奋读书，未来过上吃饱穿暖的生活并不难。但是一个 40 岁的纨绔子弟，却很难有机会再通过刻苦学习掌握一门技能。

晋惠帝的一句"何不食肉糜"，贻笑大方，看似夸张，但实际上，很多没有经过风浪的年轻人都或多或少缺少一份同理心。吃过苦的人才知道生活的艰辛，而世界上，有那么多的人生活得那么辛苦。你没有这份经历，就可能完全不理解清洁工、快递员，还有那个奋斗了二十年依然无法和你一起喝咖啡的农村青年的生活。缺少同理心，不理解别人的辛苦，缺少体恤他人的温度，总还是少了一份人格魅力。

在这个社会，要想有所成就，就决不能靠一个人单打独斗。带一支队伍是一件很难的事情。很多简历华丽至极的年轻人，他们优雅、聪明，又非常好学。但是团队遇到挫折的时候，他们往往是最先放弃的。顺风的船，谁都能开。当风暴来临的时候，才考验领导者的驾驭能力。一个公司，一个项目，一个团队，在经营的过程中，会遇到太多的困难，没吃过苦、没经受过历练的人，很难驾驭。

行业衰退，父母老去，很少有人幸运到一辈子都有恃无恐。当你独自一个人面对生活，直面人性之美丑时，终究会发现世界的残酷。你的勇气是老师、父母教不会的，是苦难，也只有苦难，才能真正磨砺出这份坚强与勇敢。

逃离舒适区

对当代年轻人来说，当你选择离开自己的舒适区，走进更大的城市，去看更大的世界的时候，你首先要做好的心理准备就是要吃苦。

舒适区原本是地理学上的概念，用来形容那些气候宜人，让人感到舒适的地区。后来，舒适区慢慢地衍生出了心理学的含义，是指人把自己的行为限定在一定的范围内，他对这个范围内的人、事、物都非常熟悉，从而有把握保持稳定的行为表现。在舒适区里，我们的不确定、匮乏和脆弱感都降到了最低，我们认为自己拥有足够的爱、食物、才能、时间，能够获得足够的欣赏，我们能感受到自己的控制力。

长期处于舒适区的人面临的最大问题是没有成长，并且在环境变化时，会变得非常脆弱。人只有真正走出去，不断地尝试新鲜事物才会进步，个人的整体素质才会提高。

当你走出舒适区遭遇陌生，面对不确定性的时候，往往会伴随着焦虑。大部分人并不能和焦虑很好地相处，突然暴露在巨大压力下，很多人甚至会崩溃。

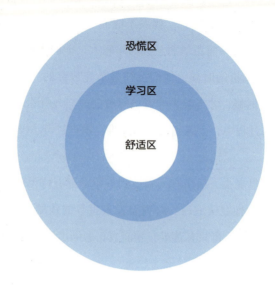

图 1-11　舒适区、学习区与恐慌区

20 世纪初，罗伯特·M.叶克斯和约翰·D. 道森做了一个著名的实验，发现焦虑水平和表现水平的关系呈倒"U"形曲线，因此也被称为"叶克斯 – 道森定律"：

他们发现，当大鼠的焦虑水平很低时，表现水平也很低；而当受到一定的刺激而焦虑不断增加时，大鼠的表现会越来越好；在某个特定的焦虑水平上，大鼠会有一个最佳表现。但如果焦虑超过这个最佳水平的话，大鼠将会因为压力过大，表现水平又逐渐降低。

对不同人来说，这个最佳焦虑水平是不同的，同一个人，随着阅历的增加，最佳焦虑水平也是在不断变化的。你可以回想近年来自己在哪些压力水平下的表现最佳，既可以精力充沛，充满自信，又能取得良好效果。你可以试探性地为自己加码一些压力，不断增强自己抵抗焦虑的能力，这会让你在未来承担更重大的任务。

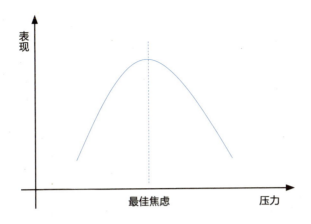

图 1-12　最佳焦虑水平

了解痛苦，学会应对

这个世界的残酷性就在于，绝大部分的时候，你要独自面对痛苦。人性是趋利避害的，大部分人愿意与你分享快乐，这也让他们快乐；但是让别人与你分享痛苦，人本能地会选择躲避。大概只有与你有着很密切的关系、有着共同利益的人，才会感受到你的痛苦。

要战胜痛苦，就要更了解痛苦，当人经历痛苦时一般会经历五个时期：

1. 冲击期：人在刚感到痛苦时，会感到不知所措、害怕、震惊和恐慌。

2. 防御期：由于事情超过了自己的应付或承受能力，为了恢复心理上的平衡，控制焦虑和情绪紊乱，人会本能地启动包括"心理隔离"在内的自我保护机制，以便恢复其现实的认知功能。譬如会出现否认、退缩，用回避手段进行合理化，或者高度警觉、神经质逃跑，漠视危险的存在，或者控制悲伤的表达。

3. 适应期：一段时间以后，人们能够采取积极的态度面对现实，接受现实。

4. 解决期：人们通常在接受了现实之后才开始寻求各种资源设法解决灾难事件造成的问题，从而使焦虑情绪逐渐减轻，自信心增加，社会功能恢复。

5. 成长期：多数人经历了灾害危机会变得更为理性，在心理和行为上变得较为成熟，开始通过一定的途径获得积极的应对技巧。

图 1-13　痛苦经历期

所以，面对痛苦时可以做以下几步练习：

遇到痛苦让自己用最短的时间接受，如果你无法接受这个痛苦的结果，你就不能正视问题，也就没办法理性地去解决问题。

在解决期，尽力以自己的力量为主（如书籍、网络），然后再借助外力（如寻求专业人士的帮助等）让自己的问题得以解决。

把自己的痛苦用文字记录下来，并尝试分析原因是一种非常有效的释放情绪的方法。遭遇痛苦，不是在那里忍着，而是尽量用自己的方式把痛苦释放出来。你可以去练歌房大声地唱歌，去运动场上跑步，或者躲在房间大哭一场。

借助外力虽然可能当时很快解决问题，但会使自己产生习惯性依赖，不利于个人能力的提高。这一阶段千万不要急于求成，也不要犹豫磨蹭，你要多肯定自己，相信自己一定会战胜困难，做一个理性的乐观派。

在成长期你会越来越有力量感，也开始相信痛苦会过去。事实上，人类的自我保护机制让我们总是淡忘痛苦，即使你当时觉得痛不欲生，但只要你坚强地多走几步，往往会有豁然开朗之感。如果你刚好把当时的痛苦感觉记录了下来，等过一段时间回去翻看，你甚至会觉得自己当初真的很可笑。

对痛苦的思考才是财富

著名央视记者柴静在自己的畅销书里记录了她的上司陈虻的一句话。"痛

硬功夫　助你精进的八大硬核技能　|

苦是财富，这话是扯淡。姑娘，痛苦就是痛苦，"他说，"对痛苦的思考才是财富。"

对年轻人来说，成长的关键就是反思。比如说年轻人都喜欢玩的狼人杀（一款需要用到逻辑推理的纸牌桌游），快速提高狼人杀水平的一个重要技巧是复盘。每一局结束后，由"法官"来讲解整场游戏的过程，反思自己每一次策略和判断的合理性。其实人生也一样，对年轻人来说，要在工作和生活中不断地复盘做过的事和遇见的人，成长才会快起来。

那么如何复盘呢？首先要明确，复盘是贯串任务始终的。

复盘的四个步骤：

第一个步骤，回顾目标：当初的目的或期望是什么

回顾目标就是回顾事件最开始的目标。将手段当成目标是我们常犯的错误。回顾目标时，需要将目标清晰明确地写出来，以防止中途偏离目标。

第二个步骤，评估结果：和原定目标相比有哪些亮点和不足

把结果与目标对比，可能会产生四种情况：结果和目标一致，完成所设目标；结果超越目标，完成情况比预期更好；结果不如目标，完成情况比预期要差；在做事的过程中新添加了预期没有的项目。对比的目的不是发现差距，而是发现问题。

第三个步骤，分析原因：事情成功和失败的根本原因，包括主观和客观两方面

1. 叙述过程：回忆事情发展的关键时间节点，以便找出这之间的关联。
2. 自我剖析：自我剖析的时候要客观，要能够对自己不留情面。自我剖析

是为了去发现事情的可控因素，搞清楚到底是因为自己出了问题，还是别的部分出了问题。

3. 众人设问：通过众人的视角来提问，这样可以突破个人见识的局限。设问要探索多种可能性及其边界。

第四个步骤，总结经验：需要实施哪些新举措，需要继续哪些措施，需要叫停哪些项目

时间是检验规律正确与否的唯一标准。复盘得出的结论是否可靠，一般来说可以通过三个原则来评判：

1. 结论落脚点是否放在了偶然事件上？复盘的结论落脚在偶然因素上一定是错误的。复盘没有进入逻辑层面，没经过逻辑验证，结果一定不可信。

2. 复盘结论是指向人还是指向事？结论如果是指向人，则说明复盘没有到位。复盘是要总结客观规律，人是变量。指向事，则复盘到规律的可能性更高。复盘的结论是从事物的本质去理解分析，这是验证复盘结论是否可靠的标准之一。

3. 是否是经过交叉验证得出的结论？"孤证不能定案"是法律上的术语，用来比喻复盘得出的结论通过其他事情交叉验证，也可以为结论的有效性提供一定的保障。

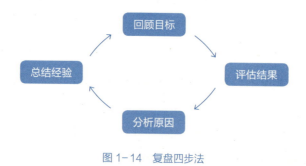

图 1-14　复盘四步法

在伟大诗人泰戈尔的《园丁集》里有这样一个优美的句子："世界以痛吻我，我要报之以歌。"是啊，人自降生到这个世界，在被赋予了最真最宝贵生命的同时，也有着无数意想不到的磨难，在很多事情上无可避免地受到了深深的伤害，这便是"世界以痛吻我"。但是，任何人都没有免除"痛吻"的权力或超越"痛吻"的法力，唯有把这些苦难当成历练的机会，以积极阳光的态度来面对，用正确的方法去解决，慢慢体味这种"痛吻"。在思索中理解，在理解中奋斗，在奋斗中成长，让自己走向成熟，走向成功，走向完善，这才是我们面对"痛吻"的正确姿态——报之以歌。

【推荐阅读】

《看见》，柴静著，广西师范大学出版社，2013，豆瓣评分8.8分。

《精进：如何成为一个很厉害的人》，采铜著，江苏凤凰文艺出版社，2016，豆瓣评分7.5分。

《叔本华人生哲学》，[德]阿图尔·叔本华著，李成铭译，九州出版社，2003，豆瓣评分8.3分。

你必须为自己想要的生活全力以赴

—— 成长曲线与 SMART 原则

心流

全力以赴是一个令人激动的词语，每每听到这个词，一种慷慨激昂的使命感便会油然而生。

我们喜欢那些为了生活而全力以赴的人，自己却很难做到。不得不承认全力以赴去做一件事情也是一种非常重要的能力。而大多数时候，我们太容易三心二意了，可以为自己找到各种各样的借口，说服自己不用那么努力。

心理学上用心流来形容这种全力以赴的状态。心流，指的是当人们沉浸在当下着手的某件事情中时，全神贯注、全情投入并享受其中，从而体验到的一种精神状态。

为自己想要的生活全力以赴是一种能力。首先，你一定是目标明确的，否则你的内心会非常容易动摇：看到别人炒股赚钱，你想去炒股；看到别人因为比特币而暴富，你又去买比特币；看到别人出国留学，你也跟着放弃考研。

其次，你一定得有强大的动力支撑。你可能每天都要早起，要坚持几年甚至十几年重复地去做一些事情。你会遇到很多的阻挠，失败了一次又一次，但你依然会站起来，继续拼搏下去。

最后，你一定得有清晰的计划。为了想要的生活，你得思路清晰，一步一个脚印，充分了解自己每一步行动的可能结果。即使在别人看来你做的很多事情毫无关联，但当你逐步接近目标，它们会像拼图一样逐渐展现出令人惊讶的效果。

正因为你有明确的目标、强劲的动力以及清晰的计划，你的内心一定是极其平静的。因此，你感觉自己可以完全掌控自己的生活，自如地调动身边的资源，全身心地投入对美好生活的追求上。

成长曲线与动机模型

在制订目标时，要将一个远大的目标拆解为阶段性的小目标。远大的目标可以在短期内刺激到你，但很难长久，没了反馈，人很容易就放松了对自己的要求。人生大部分的事情都不会是线性增长的，它可能是阶梯状，你上升了一段之后，要在某一个平台上积累很长时间才能进入下一个增长期，甚至可能是，你要经受各种打击，不断地退回到原点。

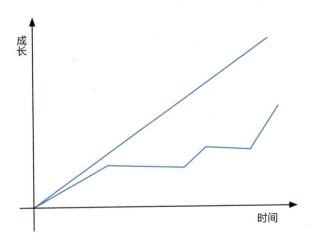

图 1-15　成长曲线

你要思考你是为了什么而奋斗，动机可以根据两个维度（内在与外在、正向与反向）划分成四种类型。只有当你内心充满了动力，才能长期坚持下去。

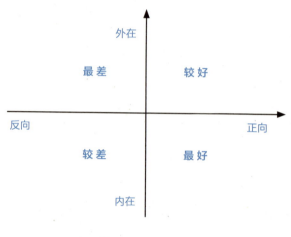

图 1-16 动机模型

1. 内在—正向的动机：这是一种发自内心的、鼓励我们做出积极行为的动机。比如挑战、期望、激情、满足感、自我确认，它往往能够给我们带来成就感、价值感。

2. 外在—正向的动机：受环境的正向影响，被外在的好处驱动。比如被他人欣赏和承认，有经济上的奖励。它可能会带来一些行为改变，产生部分成就感，但影响力往往是短暂的，影响范围是狭窄的。行为能否持续以及是否能一直带来积极的情绪，依赖于他人或外界给予的奖赏、好处。

3. 内在—反向的动机：被内心负面的感觉所驱动。比如感到有威胁，害怕失败，有空虚感和不安全感。它可能会带来一些行为改变，但这种改变如果没有效果，很可能进一步激发内心的负面情绪，产生不好的结果。

4. 外在—反向的动机：被外界可能的不良影响所驱动。比如可能不被尊重，有经济或人际上的压力，生活不稳定等。它可能会使人成功，但非常容易让人在成功后产生强烈的报复心理，以获得心灵上的补偿。

在四种动机中，内在—正向的动机是最理想的，它会使你的目标更坚定，行为更持久，因为这种驱动力来自你自身的强大与安全感。因此，当你决定跨出舒适区、做出改变之前，最好先评估一下，促使你做出改变的动机是什么，你能否为这个目标而坚持。

运用 SMART 原则制订目标

当然，如果每次促使你行动的都是你的意志力，你会发现动机会一点点被消耗掉。将目标变成具体的计划，让它成为你的一种习惯，才能长期坚持下去。

知名管理学大师彼得·德鲁克在他的著作《管理的实践》中提出并使用了SMART 原则，用于衡量目标是否科学有效，是否易于实现。很多跨国公司鼓励员工用 SMART 原则制订自己的年度计划。

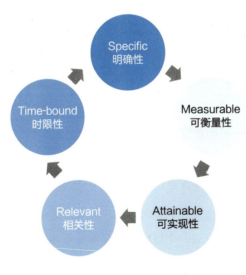

图 1-17　SMART 原则

1. Specific——明确性

明确就是要用具体的语言清楚地说明要达成的行为标准，在涉及次数的时候应该使用明确的数值，而不能泛泛地使用"多次"或"迅速"等词汇。在实际目标设置过程中，你可以通过回答 6 个 W 问题来帮助你将目标具体化。

表 1-2 6 个 W

何人（Who）	目标涉及哪些人
何事（What）	要做成什么事
哪里（Where）	要在什么地方实现目标
何时（When）	要在什么时候实现目标
哪个（Which）	实现目标的限制和条件
为何（Why）	实现目标的原因和收益

比如模糊的目标是下学期我要尽可能多看课外书，明确的目标应该是下学期我要看 6 本课外书，每月必须看 2 本。比如你想要减肥，明确的目标是 3 个月内，每天跑步 1 个小时减掉 10 斤，而不是单纯地说你要多运动，少贪吃。

2. Measurable——可衡量性

可衡量性是指目标的进度是可以跟踪的。如果一个目标的进度无法跟踪，或者说你也无法知道已经完成了多少工作，离最终实现还有多远，那这个目标就彻底无法管理。怎样检验一个目标是不是可衡量的呢？你可以问自己下面的问题：我已经完成了多少工作？还需要做多少工作才能达到目标？距离最后的实现还有多远？我想这又回到了第一个特征，如果你的目标具体，那你的目标一般来说也是可以衡量的。

3. Attainable——可实现性

目标必须是可以达成的，或者说是可以实现的。这就要求我们制订出的目标通过自己大量的努力最终能够被实现，而不是远远超出我们的能力范围。比如每天坚持看书 1 个小时是可以实现的，如果换成 10 个小时，就会耽误了其他事情。通过多次的"目标—计划—实践"，你可以逐步评估自己的完成能力，让自己以后制订计划的可实现性越来越强。

4. Relevant——相关性

目标的相关性是指实现此目标与其他目标的关联情况。如果实现了这个目标，但和其他的目标完全不相关，或者相关度很低，那么即使达到了这个目标，意义也不是很大。目标很可能是一环套着一环的，也可能是几个平行的子目标来构成一个大目标。

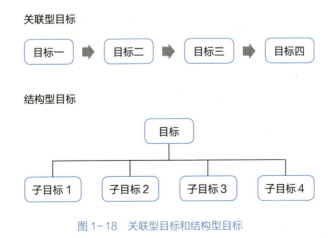

图 1-18　关联型目标和结构型目标

5. Time-bound——时限性

目标的时限性就是指目标的完成是有时间限制的。没有时间限制的目标没办法考核，不能对自己的近期表现进行评估，也没办法对接下来的行动进行调整。例如有人制订目标的时候说：我放假了要读 3 本书。这样的目标已经具有比较明确的时间限定，但时间不够精确，很多同学往往会拖到假期快要结束的时候才开始看书。正确的目标应该是：我放假了要读 3 本书，每天读 20 页，30 天读完。

基于以上原则，我们可以为自己设立 3 年长期计划、1 年中期计划、具体到 1 周的短期计划。比如希望 3 年后可以出版一本书，1 年中期计划阅读 30 本书，撰写超过 18 万字的文章，具体到每一周就可以设置如下的打卡计划：

表 1-3　小打卡计划

	类　型	写　作	阅　读	健　身	反思感悟
写作： 每天 500 字	星期一	√	×	√	
	星期二	√	√	√	
阅读： 每天 3 篇文章	星期三				
	星期四				
健身： 每天 1 小时	星期五				
	星期六				
	星期日				

打卡区	星期一	星期二	星期三	星期四	星期五	星期六	星期日	总完成度
完成度								
未完成原因								

在你的读书生涯里，成绩和排名就是对你学业的最好反馈，但是当你走上工作岗位，再也没有如此明确的指标了，可竞争却又是无处不在的。很多人变

得茫然无措正是因为他们再也没有具体的目标，任岁月蹉跎，回首间，又觉得一事无成。

人生苦短，当你老了，回首往事，若你不会因为年轻时的懈怠而懊悔，也不会因为努力却没有结果而遗憾，又何尝不是一种幸福？就在现在，拿起笔来，你可以尝试运用 SMART 原则，为自己制订清晰的计划，朝着目标去努力。叩问内心，找到内在的强烈动机，并把它当成人生支点。你完全能以全力以赴的状态去争取你想要的生活，而时间总会给你最好的回报。

【推荐阅读】

《心流：最优体验心理学》，[美]米哈里·契克森米哈赖著，张定绮译，中信出版集团，2017，豆瓣评分 8.4 分。

《深度工作：如何有效使用每一点脑力》，[美]卡尔·纽波特著，宋伟译，江西人民出版社，2017，豆瓣评分 7.8 分。

《干法》，[日]稻盛和夫著，曹岫云译，华文出版社，2010，豆瓣评分 7.5 分。

02

在碎片信息中建立知识体系

每一次技术变革都引起了知识学习方式的变化，而今天人类再一次站在了新的十字路口，正在从现实世界向虚拟世界迁徙。如何搭建自己的知识结构，构建知识闭环，让知识融会贯通是每个人都要思考的问题。

知识爆炸时代下的学习方式
——知识生产体系的变革

知识金字塔

回望人类历史，每次出现不同的媒介，都会带来知识的革命。从语言产生、岩壁画像到竹简、纸张，再到印刷术的出现，让知识的大范围传播成为可能。而进入工业革命以后，新技术层出不穷，从广播、电视、互联网到移动互联网，再到现在的虚拟现实、人工智能逐渐普及，人类再一次面临新的知识革命。

曾经，知识从产生，到不断地被证实，再到普遍被接受，存储到人类共同的知识殿堂里需要漫长的过程。而随着互联网技术的普及，这一过程大大缩短。原有的知识创造方式是中心式的，由学术小团体、权威机构发现，并通过出版物发表；而现在知识的创造是分布式的，每个人，甚至每台机器都可以创造知识，并且知识的验证和传播都是极其迅速的。

根据知识金字塔理论，最底层是数据。经过处理后，有逻辑的数据变成了信息。信息经过提炼就成了知识。基于知识进行判断就成了智慧。

在金字塔模型中，我们处理知识最基本的策略就是过滤、筛选。比如我们会设计一个复杂的过滤系统，过滤掉大多数人写的东西，只剩下精品才能发表，那这个过滤系统可能就是杂志编辑部、图书出版社，这是传统中心式的知识生产模式。相应的学习方式也是人们刻苦学习，成为某个领域的专家。他们会获得相应的认证：学历，以及发表和出版的作品，使人们更容易信任他们。他们写书、教课、上电视，我们可以从中获益。做出新的发现之后，知识会增多。

图 2-1　知识金字塔理论

互联网时代的知识生产体系

互联网改变了知识的生产模式，从原来的金字塔模式，变成扁平的网状模式。每一个节点都在产生数据，每一个节点也可以创造知识。在网络里，我们也需要权威，只不过，权威机构、权威的人不再是知识的终点了。在网络化知识里，每个节点都不是终结点，它们构成了一个扁平的网。而且，一部作品够不够权威，也不只是由单个人或某个组织来决定的，而是在不断的讨论、编辑、修改中逐渐确立的。知识的唯一性也逐渐变得模糊，知识会不会被接受要看它到底能影响多少人，而没有绝对的正确性。

正如哈佛教授温伯格所说："知识变得网络化之后，房间里最聪明的人不是站在讲台上讲课的人，也不是房间里的人的集体智慧。房间里最聪明的人是房间本身：把房间里的人与观念连在一起、把它们跟外界连在一起的网络。这并不是说网络成了有意识的超级大脑，而是知识变得与网络不可分离。"虽然网络化知识不那么确定，但更加人性，不那么固定却更透明，不那么可靠却更包容，不那么体系化却更丰富。

从技术的发明到应用再到普及也是需要一段时间的，而在当代社会，以人工智能、虚拟现实、区块链为代表的技术也在悄然改造着知识学习。在阿尔法狗出现以前的很长一段时间内，人们普遍认为机器人在变化莫测的围棋上是无法战胜人类的。2016年3月，阿尔法围棋与围棋世界冠军、职业九段棋手李世石进行了围棋人机大战，并以4：1的总比分获胜，这宣告了人工智能时代的来临。机器已经不再局限于只进行计算，而是具备了一定的发散思维能力，人工智能也变得像人类一样拥有创造力。而虚拟现实技术，让人与知识的互动也发生了彻底的变化。十几万年前，人类走出非洲，而此时此刻，人类将开始从现实世界向虚拟世界迁徙的新征程。

在这样的时代背景下，我们必须调整学习知识的方式方法，但没有必要太焦虑，因为这是所有人都面临的问题。

当今时代，分散我们注意力的事情越来越多，我们的时间变得越来越碎片化，我们的思路被频繁打断，这会让那些只有在专注状态下才能想出来的创造性想法和解决方案离我们越来越远。互联网鼓励接连不断的精力分散，一次又一次的走神和暂时性的分神完全不同。互联网世界中的各种杂音不仅会造成有意识的思维中断，同时还会让潜意识思维短路，以至无法进行深入思考，大脑成了一个简单的信号处理器。**保持专注能力，系统性地学习知识，善于利用碎片化时间会让你脱颖而出。**

另外，互联网的"回音室效应"也让我们变得越来越狭隘。最近这10年，我们获取新闻资讯的方式发生了很大的转变，在自媒体兴起之前，我们往往是从电视、广播、报纸等渠道接收到非定制化的新闻，因为不是针对我们的兴趣定制的，它往往能让我们接收到更多的意料之外的资讯，也能让我们听到很多不同的观点。而从自媒体兴起以后，当我们使用微博、微信、今日头条等产品的时候，我们收到的信息都是根据我们自己的兴趣定制的，这导致我们不断接收到的都是一些意见相近的声音。在这种观点单一、相对封闭的信息来源中，我们只能把接收的信息当成事实的全部真相，并分享出去，再彼此印证这些相似的观点，这个现象被称为"回音室效应"。

学习金字塔

美国学者、著名的学习专家爱德加·戴尔1946年提出了学习金字塔理论。美国缅因州的国家训练实验室的研究成果用数字形式形象地显示了：采用不同的学习方式，学习者在两周以后还能记住内容（平均学习保持率）的多少。

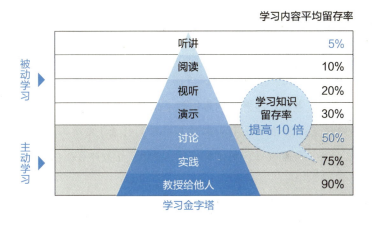

图2-2　学习金字塔理论

在塔尖，第一种学习方式——"听讲"，也就是老师在上面说，学生在下面听，这种我们最熟悉、最常用的方式，学习效果却是最低的，两周以后学习的内容只能留下5%。

第二种，通过"阅读"方式学到的内容，可以保留10%。

第三种，用"视听"的方式学习，可以达到 20%。

第四种，采用"演示"，的方式学习，可以记住 30% 的内容。

第五种，"讨论"，可以记住 50% 的内容。

第六种，"实践"，可以达到 75%。

第七种，"教授给他人"，可以记住 90% 的学习内容。

今天互联网让我们距离知识更近，学习的形式也变得更加多样化。例如，通过 TED 可以听到各领域牛人的演讲，通过慕课可以学到世界上最著名大学的公开课，各种学习软件、手机 App，也让学习可以随时随地进行。如果你有求知的欲望，那么这是学习知识最好的时代。

【推荐阅读】

《知识的边界》，[美] 戴维·温伯格著，胡泳、高美译，山西人民出版社，2014，豆瓣评分 7.1 分。

《浅薄：你是互联网的奴隶还是主宰者》，[美] 尼古拉斯·卡尔著，刘纯毅译，中信出版社，2015，豆瓣评分 8.1 分。

《知识的错觉：为什么我们从未独立思考》，[美] 史蒂文·斯洛曼、菲利普·费恩巴赫著，祝常悦译，中信出版社，2018，豆瓣评分 7.6 分。

像神探夏洛克一样搭建知识结构
—— 四种类型与搭建方法

神探夏洛克的知识宫殿

2010 年开播的英剧《神探夏洛克》风靡全球,该剧改编自柯南·道尔的侦探小说《福尔摩斯探案集》。剧中主角夏洛克·福尔摩斯拥有广博的知识、超强的分析推理能力,让人觉得"聪慧也是一种性感",夏洛克也因此在全球收获了一大片迷弟迷妹。

剧中夏洛克在分析问题的时候,经常出现"记忆宫殿"的概念,其实是用一种形象的方式来反映夏洛克检索知识的过程。准确地说,这座知识宫殿正是夏洛克的知识结构。

夏洛克的智慧卓绝,主要是因为其知识储备容量很大,可以觉察一般人注意不到的细节;其知识间的连接更紧密,因此可以触类旁通,迅速联想推理;其知识提取速度更快,所以反应更为敏捷与迅速。

但即使神如夏洛克,也不能说知晓一切,柯南·道尔深知这一点。所以在《血字的研究》中借华生的视角,为我们描述了夏洛克的知识结构。从这张简单的图表中,我们可以看出,夏洛克的知识结构是紧紧围绕其侦探职业构建的。

1. 文学知识——无。

2. 哲学知识——无。

3. 天文学知识——无。

4. 政治学知识——浅薄。

5. 植物学知识——不全面，但对莨菪制剂与鸦片却知之甚详，对毒剂有一定的了解，而对实用园艺学却一无所知。

6. 地质学知识——偏于实用，却很有限，但他一眼就能分辨出不同的土质。在散步回来后，他能把溅在裤子上的泥点，根据颜色和干湿程度说明是在伦敦什么地方溅上的。

7. 化学知识——精深。

8. 解剖学知识——相当精准，但无系统。

9. 惊险文学——很广博，对近一个世纪中发生的一切恐怖事件都深知其底细。

10. 提琴拉得很好。

11. 善使棍棒，精于刀剑拳术。

12. 关于法律方面，熟知英国法律，拥有充分实用的知识。

图 2-3　夏洛克的知识结构

这给了我们重要的启示，尤其是在这个信息大爆炸时代，要达成某个目标，不一定要掌握所有的知识，而应根据需要，有所取舍，有所侧重；要成为职场精英，拥有核心竞争力，有相应的知识结构就已经足够。这样，我们也可以用更多的时间去享受生活。

那种为学习而学习，为读书而读书，无论是对被动接收的信息，还是对不加筛选的知识都全盘接受的人，其实是知识世界里的"穷忙族"，看似努力地做了很多事情，但是几乎没有多少收益。

知识结构类型

所谓知识结构，是指一个人为了某种需要，按一定的组合方式和比例关系所建构的，由各类知识所组成的，具有开放、动态、通用和多层次特点的知识架构。

为了适应这个瞬息万变的社会，合理的知识结构应该是既有精深的专业知识，又有广博的知识面，知识的深度与广度是辩证的关系。在有限的时间里，年轻人一定要有目标感，对自己有一个明确的定位，为将来事业发展的实际需求，建立一个个性化的知识结构。

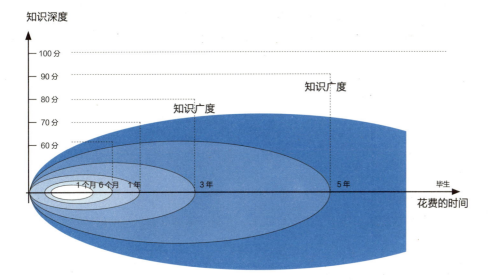

图 2-4　知识深度与广度的关系

当今人才的知识结构主要有四种类型：

1. 金字塔型知识结构

这种知识结构形如金字塔，以基础理论、基础知识为底座，以专业知识、学科知识为中间层，以前沿知识为塔顶。

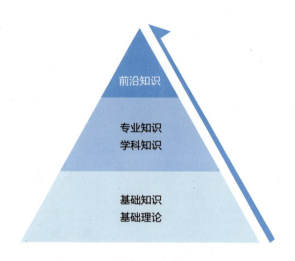

图 2-5　金字塔型知识结构

这种知识结构的特点是强调基础理论、基础知识的扎实，专业知识的精深，容易把所具备的知识集中于主攻目标上，有利于迅速掌握学科前沿知识。目前我国的大学教育就是在培养这种知识结构的人才。大部分的科研人员或者企业的技术岗位人员的知识结构也如此。

2. 蜘蛛网型知识结构（复合型人才知识结构）

这种知识结构是以所学的专业知识为中心，与其他专业相近的、有较大相互作用的知识作为网状连接，形如蜘蛛网。

这种知识结构是以自己的专业知识作为一个"中心点"，与其他相近的、作用较大的知识作为网络的"纽结"相互联结，形成一个适应性较大的、能够在较大范围内左右驰骋的知识网。在高速发展的社会，这种知识结构的人才变得越来越游刃有余，也更能应对人才需求市场的变化。

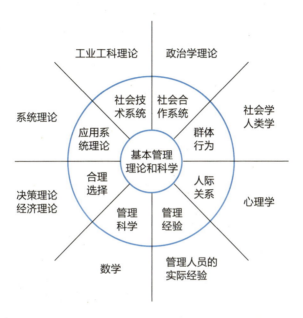

图 2-6　蜘蛛网型知识结构

3.T字形知识结构

这种知识结构是宽广的知识面与某一狭窄领域前沿知识的结合，宽广的知识面保证了这种人才具有广阔的视野，思路开阔，能够运用不同领域的基本知识和基本原理，而某领域的前沿知识保障了这种人才能够进入这一领域的前沿，进行非常专业的问题的深入探索，早出结果。

在传统的知识环境下，人们往往在机构中接受教育，获得学历认证，跟随某位导师研究课题，发表论文，出版作品，不断获得同行的认可，形成了一个学术共同体。我们不断地为人类的知识殿堂添砖加瓦，经过一代又一代人的努力，我们对世界的理解也在不断加深。当然，这种模式依然存在于当前的学术研究中。

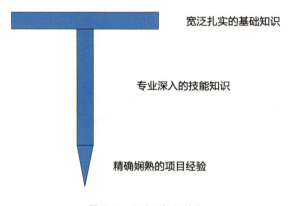

图2-7　T字形知识结构

但随着信息技术的进一步发展，移动互联网、人工智能、大数据技术使知识的半衰期变得越来越短，研究方向也随时可能被颠覆，如果仅有在某个领域的深度，已经不能适应快速变化的市场需求了。

网络成了人的外部大脑：网络地图，让我们更清楚目的地的位置；问答网站，让我们有更深入的思考；网络百科，让我们对概念更加清楚。

这就要求我们在知识结构的建立上，可以适当扩大范围作为索引，当真正遇到问题时，通过快速学习来解决实际问题。

4. π形知识结构

π形人才是指至少拥有两种专业技能，并能将多门知识融会贯通的复合型人才。π下面的两竖指两种专业技能，上面的一横指能将多门知识融会应用。

在任何领域做到前5%都是极其困难的，需要大量的时间投入、专业的知识背景，甚至拥有一定的天赋和运气。这不是单纯地掌握知识、学习技能，而是在与顶尖高手比较谁做得更好。但是在一个领域里做到前25%并不是一件多难的事情，你只需要多用心一点。但是两个25%的叠加，就很可能达到前5%，成为一个复合型人才。比如，既懂商业又懂技术就很容易脱颖而出成为商务谈判的核心人物；既会写作又会画画，画出的漫画书就会更受欢迎。

π形知识结构不是简单的跨界而是更高维度的知识结构，对个体的学习能力有着较高的要求，但也更适应快速发展的社会，尤其容易在商业实践中获得成功。

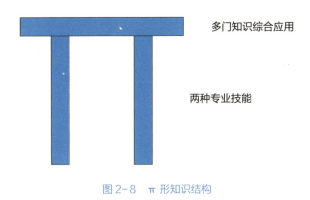

多门知识综合应用

两种专业技能

图 2-8　π 形知识结构

如何搭建个性化的知识结构

搭建个人知识结构需要考虑很多方面，与自己的长远目标、专业背景、学习环境都有关。但很多人忽视的一点是社会的发展需求，毕竟我们要在市场竞争环境下找工作或创建自己的事业。

自己的知识结构可以在个人目标与社会需求上取得平衡是最好不过的，最差的就是自己没有清晰的目标，也没有结合市场的需求，这种人可能就是最先被淘汰的人。如果知识结构符合市场需求，但是目标感差一些，找到满意的工作还是很容易的。如果个人目标明确，但是与社会需求偏差较大，创造属于自己的一片新天地也是完全有可能的。

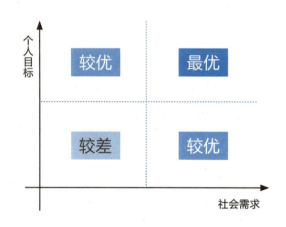

图2-9　知识结构的个人目标与社会需求要平衡

在明确自己的目标和掌握社会的需求后，就可以结合自己的实际情况开始搭建知识结构了。但在这之前，我们要先对知识进行一次有益的分类，这样你就能结合自己的专业背景、学习环境等条件，知道自己在各个知识领域到底能达到怎样的深度了。

按照应用的角度，知识可以分为四类：事实知识（know-what）、原理知识（know-why）、技能知识（know-how）和人际知识（know-who）。

从认知角度出发，知识又可以分为显性知识和隐性知识。

事实知识（know-what）、原理知识（know-why）属于显性知识，技能知识（know-how）和人际知识（know-who）属于隐性知识。

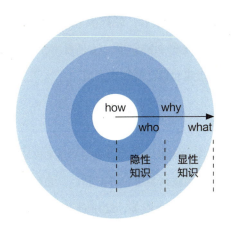

图 2-10　显性知识与隐性知识

　　显性知识可以通过文件、形象或其他精确的沟通方式来传授，但隐性知识的获得却只能依赖于自身的体验、直觉和洞察力。在显性知识越来越容易获得的情况下，隐性知识成了决定性因素。

　　在搭建自己的知识结构的过程中，也要注意对知识进行分层。底层知识是你的思维层，要学习基本的思维方式，如科学类、哲学类、文学类知识；专业层与你的学科背景、将来的职业息息相关，如计算机科学、心理学等；应用层就是你在生活、工作中要用到的技巧，如写作方法、演讲技巧等。

图 2-11　三层知识结构

当你的知识结构搭建好了以后，就好像心中已经有了大厦建设蓝图一样，在生活中无论是聊天、看电影、刷知乎，还是看书，你都可以汲取知识，然后像一块块砖一样用它们搭建起自己的知识大厦。

【推荐阅读】

《如何高效学习：1年完成麻省理工4年33门课程的整体性学习法》，[加]斯科特·扬著，程冕译，机械工业出版社，2013，豆瓣评分7.4分。

《你的知识需要管理》，田志刚著，辽宁科学技术出版社，2010，豆瓣评分7.2分。

《人类的知识：其范围与限度》，[英]伯特兰·罗素著，张金言译，商务印书馆，1983，豆瓣评分8.4分。

知识汲取的关键在于构建知识闭环

——记忆曲线与遗忘曲线

知识闭环

知识的学习是一项终身事业。如果以整个人生的长度来看，对中国年轻人来讲，最好的学习时间段是大学。高考之前，大家全身心投入应试教育，大家学的东西都一样，很少有机会与时间去探索自己真正感兴趣的领域。大学毕业后，维持生活就已经占用了大量的时间与精力，再难有整段的时间全身心地投入学习中了。大学刚好是构建个人专业知识结构与探索自己兴趣所在的最好时间段。在上大学的时候，除了学校基本课程的学习，我还坚持每周阅读一本书，看着很难，但如果掌握了方法，书是越读越快的，但即使这样，一年下来也只能读 60 本左右，这个习惯保持至今。大学的试错成本很低，又有很充足的时间，是找到真我、构建个人的价值观体系最为重要的时期，如果你还在大学读书，请珍惜时间，多去探索吧。

知识从获取到处理，再到应用是一个闭环，我称之为"知识闭环"。知识的获取，体现的是学习力。学习力由学习动力、学习毅力、学习能力构成。在学校学习的时候都有成绩作为考评指标，这虽然是一种被动的考核机制，但非常有效。工作以后，很多人的学习动力明显下降，动力的丧失导致学习力显著下降，就好像一台发动机燃料不足一样，跑不快了。

那些还有学习动力的人往往是好奇心使然，这种好奇心往往会变成一种求知欲，成为个体寻求知识的重要内在动力。 好奇心可以分为消遣型好奇心和认知型好奇心：消遣型好奇心广泛、浅薄；认知型好奇心持续性强，让人收获更多。成年人不停地刷微博和朋友圈的最新消息就是消遣型好奇心的体现，而你想要去学习一门语言、去掌握一门技能就是认知型好奇心。好奇心会让我们有更深入的阅读和更准确的提问，还可以增强我们在做事过程中的体验，让我们的体验更丰富，更加享受做事的过程。即使是做同样的事情，那些拥有好奇心的人能观察到的事物微观尺度和收获的知识密度都明显高于没有好奇心的人。好奇心会让人主动去学习。

学习毅力体现了一个人的意志力与自律精神，是指自觉地确定学习目标并支配其行为、克服困难实现预定学习目标的状态，它是学习行为的保持因素。

20岁到30岁是人的学习能力最强的阶段。我们可以掌握扎实的基础知识，拥有一定的学习技巧，有较高的认知水平。很多大科学家、大学教授取得科研成果也往往是在这个时期。学习能力包括智力和技巧两个方面。成年以后智力水平是基本稳定的，所以这一时期，学习技巧的提升对学习能力的提高帮助最大。不管学什么，一定要先投入时间去了解相关的学习技巧。比如如何阅读一本书、如何写影评、如何通过一门资格考试、如何做思维导图。

让很多人忽视的是，知识本身也是有难度的，如高等数学、概率论、线性代数等科目。学习能力体现了一个人的学习效率，但学习能力是有上限的，很多知识也不是通过投入更多的时间就可以掌握的。尤其是在工作以后，非常考验个人的自学能力，没有人再为你设定学习计划，没有人有问必答，没有人安排模拟考试帮你发现短板，也没有同学和你一起学习，让你清楚地知道自己的相对位置，这对于长期接受课程教学的人是极大的考验。相反，学完知识，你就要实际去运用，所有的结果都要自己承担。

自学的时候，面临的首要问题是对知识的难度和密度无法估量，就好像盲人摸象，没有办法制订合适的学习计划，也不会有人主动来教你，把抽象的知识转化到你能接受的程度。在学校里，考试可以检查出自己的短板，也可以和同学比较，这对提高学习水平很有用处。自学的你还要找到检测学习效果的方法。现在很多网络课程提高了学习的参与感，如果是对你来说很重要的知识，你还是有必要进行学习的。

记忆模型与遗忘曲线

知识的处理关键在于记忆与思考。人脑的记忆像一台电脑工作一样，可以分为三个阶段：首先，接收信息进行编码，即把输入的信息转换成可被操作的形式，就像是用键盘将数据敲入计算机；其次，信息需要存储，即把信息保存在系统中，人类的记忆通过感觉记忆、短时记忆、长时记忆三个不同的存储系统来完成这项工作；最后，在需要使用信息时，记忆库中的信息必须能够被提取出来。

记忆的模型是这样的：外部传入的信息在感觉记忆中保持 1 ~ 2 秒，然后注意力从中筛选信息送入短时记忆系统，如果这些临时存储的新信息没有马上被编码或复述，将被遗忘。短时记忆中被编码的信息进入长时记忆系统后，将相对长久地被保存下来，但有些信息在被提取时可能会遇到困难。

德国心理学家艾宾浩斯研究发现，遗忘在学习之后立即开始，而且遗忘的进程并不是均匀的。他用的记忆力曲线是用来描述记忆与遗忘规律的。记忆力曲线的纵轴代表记忆内容的数量，横轴代表天数，也就是被试者在记忆完毕后经历的天数。这条曲线呈现下降的趋势，最开始下降得最快。记忆的遗忘速度是不规则的，不是每天忘掉平均数量的内容，而是在最开始的阶段遗忘得最快，随着时间的推移，遗忘的速度逐渐放慢，最后遗忘停止，没有被遗忘的记忆就成了长时记忆，可以被随时调取，或者在某些特殊环境和某个事件的触发下再次让你想起来。

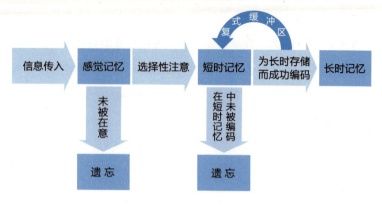

图 2-12　记忆模型

遗忘曲线给予我们的启发就是，在学习一些东西之后，及时复习很重要，在遗忘点出现之前复习，这样就能避免遗忘的出现，把知识变成更多的长时记忆，从而终身保留下来。具体的做法是，当你把需要学习的内容全部记住后，要尽量在 3 个小时之内回忆一遍，接下来，分别在 5 小时内、10 小时内、3 天内、5 天内、10 天内复习一遍，经过这 6 次的复习，长时记忆就会形成，你对这部分内容的记忆会相当深刻。

有了知识的获取、处理，还有最后的一个环节就是应用。很多人觉得知识学了也没用，正是缺少了应用这一环节才没办法构成闭环。知识应用环节关键在于分享和创造。得益于互联网的快速发展，现在有众多的分享平台。知识的传递无非是文字、语音、视频，现在各种平台层出不穷，将知识分享出去的时候，也将收获很多粉丝，塑造个人影响力。我最开始也只是在知乎平台回答一些问题，后来自己做了一个专栏，每周保持两篇文章的更新，再到被出版社的编辑发现，邀请我写一本书，也只是一年半左右的时间。

现有的知识已经无穷无尽，即使是在某个小的领域，每天都没办法读完新推出的前沿论文，与其不停地学习，倒不如创造一些知识出来，这样更有意义。构建自己的知识闭环，哪怕是看一场电影，与陌生人交谈都可能成为你的知识输入方式，让生活不再漫无目的。

【推荐阅读】

《记忆力心理学》，[德]赫尔曼·艾宾浩斯著，常春藤国际教育联盟译，现代出版社，2017，豆瓣评分7.4分。

《完全写作指南：从提笔就怕到什么都能写》，[美]劳拉·布朗著，袁婧译，江西人民出版社，2017，豆瓣评分7.1分。

《研究是一门艺术》，[美]韦恩·C.布斯等著，陈美霞等译，新华出版社，2009，豆瓣评分8.6分。

这样读书最有效
——三看两读与读书四步法

开卷有益

很多人知道开卷有益，但大部分人不懂读书的能力也有高低。学一点读书的技巧，在以后的阅读中将会更高效地吸收知识。

中国图书馆图书分类法将图书按照学科类型分成了 22 大类，很多的图书购物网站、图书推荐网站也将图书分为虚构类和非虚构类两种，这是国外经常采用的图书大类分类方法，也可以说是小说类和非小说类两种。虚构类（小说类）是指书中内容源自想象的故事或场景，并非严格依据历史或事实。非虚构类（非小说类）作品，其创作者对所呈现的事件、人或信息的真实性和准确性负责。

读小说可以拓展我们的人生边界，让我们体验不一样的世界，小说就是造梦。电影是以图像、声音的方式将剧本演出来，书籍是用文字来为我们描述一个故事。春去秋来，世事变迁，这个世界留存下来很多有趣的故事。一部好小说，人物的动机、所处的环境、情节的发展，细细考量起来一定是合情合理的。而我们在阅读中，刚好打开了上帝视角，可以看到小说世界里的每一个角落。读小说是可以提高一个人的心智水平的，让我们对生活有了更多的观察视角，更多的体察。因为通过小说我们读到了人生的不同可能性，也看到了不同人的心理活动。

读非虚构类的书要严肃认真一点。可人有高矮胖瘦，书也有好坏厚薄。根据自己的读书目的，配合自己的知识结构，合理安排分配给每一本书的时间至关重要。大部分的书略读，翻翻目录挑重点读；少部分的书通读，抓重点，搭建知识体系框架。小部分的书精读，把书读薄，再读厚，做笔记；经典的书要重读，反复拿出来读，像工具书一样，随时翻阅，或为指导，或为灵感，或为信仰。

兼听则明，偏信则暗。读书也是如此，一家之言，难以览全貌，围绕一个主题来读，可以收获更广阔的视野。主题阅读法就是围绕一个感兴趣的主题，挑选 1 ~ 2 本精读，再挑选 3 ~ 4 本通读，再找不同观点的书略读，这样你将对这一主题有非常全面的认识，可以围绕主题写一篇书评，尝试做出思维导图，把它们都放到你的知识结构里。

选书的学问

选书是一门学问，好在现在有像豆瓣这样的读书评价网站。看一看评分，读一读书评就能大概心里有数。好的评价要看，差的评价也要看，可以看到不同人的想法，好在哪里，差在哪里。经过时间洗礼的书、出自名家的作品都值得读。

选书有三看两读：一看封面，仔细阅读所有封面细节包括书名、作者、出版社、出版日期、字数、印数、推荐语，得到关于书的整体印象；二看序和后记，包括自序、推荐序及鸣谢，看这些可以了解到图书的内容提要和作者的创作背景；三看目录，目录就好像是旅行出发前的地图，可以了解书本大概的内容方向和写作逻辑；选读一两个章节，可以是感兴趣的，对自己有用的，也可以随便翻翻，就像是在验收样品；读图书售卖网站等平台对这本书的评论，知道为什么有人说好、一般以及不好。

永远记得，许多书其实连略读都不值得。有些书可以浅尝辄止，有些书可以生吞活剥，只有少数的书需要慢慢咀嚼与消化。

读书四步法

读书有四步。第一步，读书前准备，明确自己的阅读动机，如我为什么要读这本书，对这本书涉及的内容有哪些疑问，这本书在我的总知识结构中是什么地位，应该选择多少精力进行分配才合适。

第二步，通览初翻一遍书。这本书我知道多少，不知道多少。每一章的重点问题和概要是什么，哪些需要重点看，哪些不需要看，要带着什么问题去看。这本书的脉络怎么样，作者的写作思路和写作结构是什么样的。

第三步，对重点部分做笔记，整理出书籍的思维导图，标明重点和自己需要看的地方，记录自己的体会和当时的分析。

第四步，归类，把这本书的信息放到自己建立的知识结构中。

带着问题去读书，有四个核心问题要在阅读的过程中进行思索。

一是书的中心思想及结构。尝试着用一句话概括出来，把书介绍给别人，思考一下书的结构，为什么会以这样的逻辑展开，能说服读者吗？有没有更好的逻辑呢？这也是锻炼自己逻辑思考能力的过程。很多经典图书的目录就是一个很好的思考框架。

二是要提取出主要观点和论据。把书从厚变薄就是提取精华的过程，这些观点是否正确，论据是否合理，将来是否可以作为自己知识结构体系的一部分，要知道很多书的作者也是有自己的价值观和利益出发点的，对这些观点你不能全盘接受，而证明这些观点的论据是否有失偏颇也值得深思。

三是作者的推理过程是否严谨，可以试着举出反例，想想如果自己要阐述问题会按照什么样的方式展开，写一篇文章学到的可能比读十篇都要多。

四是要问是否对自己有用，获得了什么样的启发，假设一下可能用到的场景，并试着演练一下。

读书尽量以自己为主线，全心投入，对于分析阅读过的书，在穷尽自己的力量前，不借助外力，实在不通处，先搁着，在实践中思考或者过一段时间后再回过头看，可能就会豁然开朗。也可借助其他人的书评、分析，看看是否对自己有帮助。不要被细节吓坏，90%的书知道个大概就好了，剩下10%的书，80%的内容也是知道大概就好了。在知识爆炸社会，要像老鹰逮兔子，只取自己需要的知识，马上飞走，不要贪多贪杂。知识不经过系统整理，就像没有编过的稻草，一冲就散了，白读。记笔记时可以记录章节、页数，方便以后复习。

如果你现在迷茫、困惑，不知道该干些什么，我能给你提供的最好的建议就是读书。读着读着，你自己就会思考了，这个阅读的数量，我建议是在30岁之前至少要读过一百本书。

【推荐阅读】

《如何阅读一本书》，[美]莫提默·J.艾德勒、查尔斯·范多伦著，郝明义、朱衣译，商务印书馆，2004，豆瓣评分8.4分。

《如何阅读一本文学书》，[美]托马斯·福斯特著，王爱燕译，南海出版公司，2016，豆瓣评分8.5分。

《读书的艺术》，《博览群书》杂志编，九州出版社，2004，豆瓣评分7.9分。

让你的知识融会贯通

——做学问的境界、知识输出与刻意练习

做学问的境界

大学者王国维在《人间词话》中说过这样一段话：

古今之成大事业、大学问者，必经过三种之境界："昨夜西风凋碧树，独上高楼，望尽天涯路。"此第一境也。"衣带渐宽终不悔，为伊消得人憔悴。"此第二境也。"众里寻他千百度，蓦然回首，那人却在，灯火阑珊处。"此第三境也。

第一句的意思是萧瑟的秋风中，游子登高望远，怀念亲人，见不到又音信难通。就如一位初学者刚开始沉下心来学习，怀着对学习知识的惆怅迷惘的心情，此第一境界。

第二句是说沉溺于热恋中的情人对爱情的执着，人消瘦了，但决不后悔。就如同学者在追求知识的过程中所表现出的一种认定了目标就全心投入的执着精神，此第二境界。

第三句是说如果没有千百次的上下求索，就不会有瞬间的顿悟和理解。作为一个做学问的人，只有在学习和苦苦钻研的基础上，才能够功到自然成，一朝顿悟，发前人所未发之秘，辟前人所未辟之境。

从迷茫到笃定，再到开悟就是做学问的三重境界。开悟的表现一定是融会

贯通，信手拈来，处处都发现学问，时时都在吸收新的思想，并且可以持续输出，开拓属于自己的绝对领域。

当然，并不是所有人都能达到开悟这一境界。

低水平的学习者就像小松鼠囤积粮食那样，辛勤劳作，不停记录，将知识堆积如山。但知识可不像粮食那样可以客观存在，人的记忆力有限，很快就会忘记。要想把知识留存下来，一定要加以运用。可以是通过刻意练习，让知识变成技能，内化到身体里。也可以是通过输出产品，如写文章、录音频，甚至是发表论文。即使有一天忘记了，但是翻出来，这些知识还是属于你的。知识就好比散落的点，通过输出，可以将这些点串联起来，展示给别人，而这也正是将这些知识编码的过程。

知识经济时代的输出

如果可以的话，一定要把你学到的知识分享出来。在互联网时代，我们获得了一种新的交流方式，那就是社交网络。无论是面向陌生人的微博、知乎，还是面向熟人的微信朋友圈，我们都在分享信息与认知。不要小看微信朋友圈，它已经成了别人了解你的一个重要线索。而在面向陌生人的分享社群，通过分享自己的知识和见解，你很容易就能找到与自己志趣相投的人。著名音乐人高晓松从 2012 年开始做脱口秀节目，这不但使他收获了大量粉丝，对他个人来讲，他说自己终于有机会将自己多年所学穿成一条线了，并有条理地梳理了自己的知识结构。

这是一个知识经济时代，人们愿意为收获高密度的知识而付费。像得到App、知乎 Live、喜马拉雅、豆瓣时间、网易云课堂，这些网络应用上有大量的知识付费产品，聚集了大量的学习者。很多人也开设了自己的专栏和公众号，成了自媒体人，自媒体也已经成为一种新兴行业。得益于手机的普及和网络的广泛覆盖，移动支付的用户数量巨大。根据互联网的长尾效应，绝大部分的内容生产者都可以找到属于自己的受众，通过粉丝经济、内容电商等多种方式变现。

在做内容输出时，关键在于长期坚持。笔者最早在2012年开始写博客，每个月写一点自己的心得和收获，当时只坚持了几个月，现在回头来看当时写的东西真的是惨不忍睹。后来，从2016年开始，笔者又在知乎上更新专栏，每周2篇，坚持了半年多就积累了2万多订阅者。因为坚持写，每篇都会吸引新的订阅者，积少成多，个人的影响力就变得越来越大。你在写的过程中，能感受到自己的认知能力在不断提高，和读者朋友们的互动讨论，也可以加深自己对问题的看法，接纳不同的意见。你也可以通过对阅读数、点赞数的分析，发现自己到底擅长哪些方向的写作。当然，内容输出的方式多种多样，每个平台又各有特点，可以结合自己的优势来输出。

在进行输出时，要有产品思维，你的输出就是产品，你就是制作者。你要对自己输出的产品有定位，既要考虑自己的优势，又要考虑到市场的需求。要学会营销，为自己的产品设计独特而又容易识别的宣传语，占领用户的心智，当用户有这一方面需求的时候，最先想起来的就是你。你还要学习将产品人格化，将用户对产品的喜爱，变成对你个人的认可。多与粉丝互动、讨论，缩短你与粉丝之间的距离。要注意与类似产品的竞争，用户的注意力是有限的，大家只会认可最头部的产品，要用实力使自己脱颖而出，你才能有丰厚的回报。不断学习、迭代，让自己的产品变得更好。每个网络平台的用户群体都不一样，在多个平台站位，可以覆盖更广泛的群体，收获更多的用户。

当然，在输出产品的时候，也要以平常心面对网络语言暴力，由于网络的匿名化，很多网友的评论会很恶毒，甚至是人身攻击，如果你自己考虑得不是很清楚，会很容易被这种戾气所影响，你要有强大的内心，才能面对。

刻意练习

除了持续输出，要做到知识的融会贯通，你还要进行刻意练习，将知识转化为技能。任何人都可以通过正确的训练来改变自己。刻意练习是指有目的的训练，是指那种能让我们专注的、及时获得反馈的、不断确定目标而且跳出舒适区的训练，只有这样我们才能获得快速进步。训练时间的长短和能力提高的多少并不完全是正相关，没有用正确的方法而只是反复去练习，只会让我们停滞不前，并且使能力水平缓慢下降。

刻意练习有两个前提条件：一是你所训练的领域是合理发展的行业，有一整套成熟的评价标准和高效的方法；二是你必须有一个能够给你布置训练作业和及时反馈的优秀导师。

大多数的行业是不符合这个标准的，但是我们可以用刻意练习的原则来训练提高。

1.明确高绩效的目标，即应该实现哪方面能力的提升。

2.尽可能找到这个领域中最优秀的专家或高手，或者经典书籍。

目的是能够让我们和这个领域高水平的心理表征进行对比，获得高质量的反馈。

3.研究最杰出的导师或者成功案例背后可能的成功原因。

4.不断地投入时间和精力去训练。

传统的方法一直是先找出关于正确方法的信息，然后让学生运用那些知识。刻意练习则只聚焦于绩效和表现，以及怎样提高绩效和表现。杰出人物的进展只有局外人看来才是重大进展，因为那些人并没有见证过是所有那些微小的进步才积累成了重大的飞跃。

刻意练习与持续输出要相辅相成，并结合自己的优势与天赋，相信经过一段时间的练习，你也一定可以脱颖而出。

【推荐阅读】

《未来简史：从智人到神人》，[以色列]尤瓦尔·赫拉利著，林俊宏译，2017，中信出版社，豆瓣评分8.5分。

《刻意练习：如何从新手到大师》，[美]安德斯·艾利克森、罗伯特·普尔著，王正林译，机械工业出版社，2016，豆瓣评分7.9分。

《知识大融通：21世纪的科学与人文》，[美]爱德华·威尔逊著，梁锦鋆译，中信出版社，2016，豆瓣评分7.6分。

03

独立思考，判断事情的底层逻辑

一个没有独立思考能力的人不能称为一个独立的人，人与人之间最大的差别就在于能否进行有深度的独立思考。而一旦你掌握了基本的底层逻辑思考方法，就好像戴上了逻辑大师的眼镜，你也可以通过刻意练习，不断地搭建属于自己的思维框架，提升自己的创造性思考能力，最终成为一位思维高手。

人与人之间最大的差别在于能否
进行有深度的独立思考

—— 思维闭环

独立思考难能可贵

19 世纪的大哲学家叔本华在他的《思想随笔》里这样写道：从根本上来说，只有独立思考才是一个人真正的灵魂。看一个人是什么样的人，我们通过他的眼神就能看出，善于独立思考的人，他们的眼神充满从容和淡定。

叔本华生活于第一次工业革命之末与第二次工业革命之初，很多理论体系还未成形，大部分人也没有接受过大学教育，获取信息是一件很困难的事情，而没有足够的信息是没办法进行有效思考的。

斗转星移，世事变迁，如今的社会，信息的创造和传播都变得异常容易，我们又面临着甄别、判断的难题。可无论古今中外，拥有独立思考能力、怀有深邃思想的人都很有魅力。

我们都有从众心理，可实际上，新闻媒体要考虑到面对不同阶层、不同地域、不同种族的所有人的实际情况，往往不能只为某一类人考虑，新闻只能是信息，无法转变成对你有用的知识。我们也天真地迷信权威，可权威人士往往不敢轻易下定论，这会引起行业甚至社会的跟风，爱惜羽毛的权威往往谨言慎行。我们也都有自己的利益考虑，工作、生活中大家传递的信息都有自身立场的考虑，没有办法和盘托出。所以叔本华解释说："他人的思想就像别人餐桌上的残羹，就像陌生客人落下的衣衫。只有自主的思考，才真正具有真理和生命。"正中要害。

可实际上，独立思考是需要耗费大量的时间和精力成本的。对于很多常见的事情，我们的大脑会建立有针对性的联想，形成直觉思维。比如相似的产品，价格贵的应该质量更好一些，有品牌的会更有保障。久而久之，我们变得越来越麻木。

一个不可否认的事实是，当今中国依然处于剧烈的变革之中。新的改革、新的政策、新的趋势，如果只听从某些专家的意见，即使很有道理，等我们听到的时候也已经没了先机。再加上自身能力和周边环境的不同，如果我们不能通过独立思考，总结出指导自己实践的知识与经验，那么我们始终会落后于人。

思维闭环

思考是需要原材料的。通过收集信息，进行一定的逻辑思考，形成个人的观点即独立思考。这是一个信息收集、信息处理和信息输出的过程。

在获取信息方面有两种截然不同的思维方式。

一种是海绵式的思维方式，就像海绵吸水那样，这是一种被动式的接收信息方式，你需要充分吸收外部信息，体会到其中的微妙联系。这适用于你完全不了解的领域，效率较低，尤其是在现在信息过载的情况下，很容易让人迷失。

一种是淘宝式的思维方式，就像挖掘宝藏一样探寻知识，这是一种主动收集信息的方式，以问题为导向，不断地自我提问，抽丝剥茧般追溯到问题根源。这种方式的效率更高，针对性也更强。

很多人觉得，自己书读了很多，知识也学了不少，但是都没有用武之地，其中很大的原因就是，你一直采用的是海绵式的学习方式。而淘宝式的学习方式往往是从实践中来，带着问题去寻找答案，反过来又去解决实际问题，这是一种互动式的学习方式，真正能做到学以致用。就比如国家每年公布的经济增长数据，如果你有淘宝式的思维方式，去看一下数据的统计方法，经济指标的构成，哪些地区、哪些行业有变化，与国内外其他城市做一些对比，就能发现很多更具体的问题，甚至发现一些机会。

大脑的思考就像计算机的信息处理，需要基于一定的事实或者假设，进行推理或运算，进而得出一定的结论或者结果。说一个人的思考有深度，很大程度上是因为这个人的思考逻辑链特别长。他们根据一些简单的信息，经过多层推理，就能得到常人无法发现的结论。美联储前主席格林斯潘在年轻的时候通过收集公开的资料数据，经过多步的推理非常精确地测算出美国空军战争期间的采购对经济生产的影响，以至让军方以为他是高级间谍。

延长思考逻辑链需要刻意练习，你可以通过文字记录下来，或者用思维导图制作事件发展可能性的推演图，并试着对未来进行预判。随着时间的推移，再与事情的真相进行对比，反思自己思考时出现的纰漏，在下一次思考的过程中进行改进。

思考不只有深度，还有广度。扩展思考广度要搭建思维框架，一般的问题都可以从时间、空间、人物这三个维度展开。如果把问题局限在一个点上，就很难发现其中的因果关系，当从更长的时间维度来看，就更容易找到其中的因果关系。空间维度不仅仅是指地理上的空间，更是指问题出现的环境。在不同的环境条件下，还会有相同的结果吗？而不同的人物，往往会有不同的立场，当你能换位思考，站在别人的角度去思考问题时，你也会进一步扩展思考的广度。

思考输出的基本原则

如果只是有一个完整的想法，但是不会表达，或是表达得不好，那我们还是无法说服别人听取我们的意见。在表达自己的意见的时候，有一些需要遵守的规则：

1.这个世界上没有绝对正确的意见，只是有不同的意见。不要因为害怕出错，就不敢大胆地把自己的意见说出来。

2.发表意见的时候，要使用对方能听得懂的语言和容易理解的结构流程。

3.根据"结论—根据—提议"这个流程说出的意见简单易懂。

4.重要的地方，我们应该使用不同的表达方式再三重复，确保他人接收到了重要的信息。

5.当他人给出回馈或是进行反驳时，用一种对事不对人的态度来看待这些反馈或反驳。

6.全盘接受对方的意见并不是尊重他人。正确的做法是，接受他人的反驳，但是不要停在那里，而是仔细思考，再把对你的反驳当成他人的提问。

7.有人找碴的时候，保持平常心。

8.不要不懂装懂，记得提有深度的问题。

9.要反对别人的意见，就要提出替代方案，要避免陷入为反驳而反驳的无意义的讨论，要让讨论更具体些、更有深度。

能做到前边说的这些，你的意见就能更完整地表达出来。被别人反驳的时候不但能反驳回去，还能从他人的反驳中进一步完善你的意见。冷静地接受他人的挑衅，并坚持拉回主线，继续表达自己的意见。反驳别人也要提出替代方案，这才算是完成了对一件事情的独立思考。

这个时代的优势是，当你有了自己的观点后，你可以找到很多与你有着同样看法的人，也会发现很多有着其他观点的人。

当你与更多的人分享你的观点、进行讨论的时候，你会发现自己的思考还可以进一步加深。现在，在很多的应用（如知乎、公众号）上都可以分享自己的观点，如果你的观点足够犀利，你甚至可以引起很多人关注，成为具有一定网络影响力的意见领袖。

【推荐阅读】

《乌合之众：大众心理研究》，[法]古斯塔夫·勒庞著，冯克利译，中央编译出版社，2011，豆瓣评分8.2分。

《学会提问：批判性思维指南》，[美]尼尔·布朗著，赵玉芳、向景辉等译，中国轻工业出版社，2006，豆瓣评分8.6分。

《批判性思维：思维、写作、沟通、应变、解决问题的根本技巧》，[美]理查德·保罗、琳达·埃尔德著，新星出版社，2006，豆瓣评分8.3分。

戴上逻辑大师的眼镜学会四个底层逻辑思考方法
——分类、归纳、演绎与反证

逻辑学作为哲学的一个分支领域是极其枯燥而又难懂的。亚里士多德六部逻辑学作品的合集《工具论》是西方世界最早的逻辑学著作，亚里士多德也因此成为当之无愧的"逻辑学之父"。逻辑即思维的规律和规则，是对思维过程的抽象。

我们在初、高中就已经学习到基本的逻辑方法，包括以三段论为代表的演绎推理，以及以归纳法为代表的归纳推理。可实际生活千头万绪，我们总是看不清全貌，厘不清思路。那些做事情很有章法的人也并不一定明确地知道自己在用什么样的方法，只不过潜意识中已经养成了这一思考习惯。

就像《工具论》这本书的标题"工具"所说，逻辑方法是底层的思维方法。这里介绍四种最底层的逻辑思考方法，大家可以在生活中加以应用。

分类法

无论多么宏大的问题，都可以通过一步步的拆解，分为很多可以解决的小问题。将问题按照事物的特点、性质等划分为不同类型，就是将问题简化的过程。

分类法的难度会随着需要分类的对象数量的增加而急剧增加。比如，如何将人类出版的图书进行有效分类就是一门学问，叫"图书分类学"。

常见的分类方法有树状分类法、交叉分类法、ABC分类法。

树状分类法是一种逐层深入的思考方法，就像一棵大树从树根、树干、树枝到树叶。逻辑树有利于对事物的整体进行把握，并较全面地考虑到各项影响因素，发现了遗漏点还可以补充，思维导图就是树状分类法的应用。

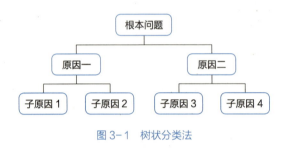

图3-1　树状分类法

交叉分类法是从多个维度对目标进行精准定位的方法，一种分类方法往往只能描述一种性质，所能提供的信息较少，当从多个维度进行定义时，就能更准确地描述事物的特征。

图3-2　交叉分类法

ABC分类法是基于帕累托法则（二八定律）提出的，其实质是基于重要性加权的分类。在现实生活中往往存在这种现象，如80%的财富被20%的人拥有，超市里80%的销售额是由20%的货物贡献的等。ABC分类法就是根据事情的重要性将其分成了非常重要的A类，一般重要的B类和不太重要的C类，这样在生活中就可以分出轻重缓急。

归纳法

归纳法是通过积累一系列素材，分析素材的基本性质与特点，寻找其中的基本规律，并描述其规律以预测同类事物的思考方法。这也是化繁为简的过程。

首先，归纳的起点是要有一定量的素材积累，然后比较其共同点和差异点。在比较的时候，要在相同的条件下进行比较，并采取一定的比较标准。科学上有严格的控制变量法来进行比较，即在保证其他条件都相同的情况下，比较某一特点带来的差异。

其次，要对素材进行分类，使杂乱无章的现象条理化，使大量的事实材料系统化。分类是在比较的基础上进行的。通过比较，找出事物间的相同点和差异点，然后把具有相同点的事实材料归为同一类，把具有差异点的事实材料分成不同的类。

最后，进行抽象和概括。抽象是一种认识事物本质的方法，即排除对象次要的、非本质的因素，抽出其主要的、本质的因素。概括是一种重要的研究事物的方法，即把对事物的本质的、规律性的认识推广到所有同类的其他事物上去。

要注意的是，用归纳法得出的结论并不完全可靠，也并不一定是事物的本质。很多偏见，如性别歧视，就是错误地使用了归纳法，以偏概全的一种现象。

演绎法

演绎法与归纳法相反，是从一般到特殊性的认知过程。演绎法从一般性的知识和结论出发，结合所研究的具体情况，得出针对特殊情况的结论。比如：所有的人都会死，亚里士多德是人，所以亚里士多德会死。演绎推理化抽象为具体，是提升个体对实际场景认知能力的一种推理方法，是结合实际情况、将书本上所学的知识加以运用的一种推理方法。演绎推理大前提的正确性至关重要，否则推导出来的都是错误的结论。

演绎推理有三段论、假言推理、选言推理等形式。

三段论是演绎推理的一般模式，包含以下三个部分：大前提——已知的一般原理；小前提——所研究的特殊情况；结论——根据一般原理，对特殊情况作出判断。例如：知识分子应该受到尊重，人民教师是知识分子，所以，人民教师应该受到尊重。

假言推理是根据假言命题的逻辑性质进行的演绎推理，分为充分条件假言推理、必要条件假言推理和充分必要条件假言推理三种。其中形式为"如果 A 则 B"的命题即为假言命题。假言命题陈述一种事物情况是另一种事物情况的条件。其在前的支命题叫作前件，在后的支命题叫作后件。

充分条件假言推理是根据充分条件假言命题的逻辑性质进行的推理。可以理解充分条件的假言推理的后件是目的地，前件是通往目的地的一条路，但并不确定只有一条路可以通往后件。

充分条件假言推理只有两种有效的推理形式：

（1）肯定前件式：肯定前面，就要肯定后面。

前提：如果你读完这本书，那么你的认知水平就会提高；读完这本书。

结论：认知水平提高。

（2）否定后件式：否定后面，就要否定前面。

前提：如果她真的爱你，那么她一定不会抛弃你；她抛弃了你。

结论：她不爱你。

必要条件假言推理是根据必要条件假言命题的逻辑性质进行的推理。对于必要条件的假言推理，前件是一条路，后件是一个目的地。到达后件这个目的地必须要走前件这条路，但前件这条路不一定只能到达后件这一个目的地。

必要条件假言推理的推理形式正好和充分条件假言推理相反：

（1）否定前件式：否定前面，后面即被否定。

前提：只有努力，才能成功；但是你没有努力。

结论：所以你不能成功。

（2）肯定后件式：肯定后面，就要肯定前面。

前提：只有努力，才能成功；你成功了。

结论：你肯定付出了努力。

充分必要条件假言推理是根据充分必要条件假言命题的逻辑性质进行的推理。充要必要条件假言推理可以理解为：前件是一把锁，后件是这把锁的钥匙，两者对彼此都是不可替代的。

充分必要条件假言推理有四种有效的推理形式，即肯定前件式、肯定后件式、否定前件式和否定后件式。

（1）肯定前件式：

前提：你不努力改变自己，就不会有想要的生活；努力改变自己。

结论：有想要的生活。

（2）肯定后件式：

前提：你不努力改变自己，就不会有想要的生活；有想要的生活。

结论：改变自己。

（3）否定前件式：

前提：你不努力改变自己，就不会有想要的生活；不努力改变自己。

结论：没有想要的生活。

（4）否定后件式：

前提：你不努力改变自己，就不会有想要的生活；没有想要的生活。

结论：不努力改变自己。

选言推理是以选择性判断为前提的推理。选言推理分为相容的选言推理和不相容的选言推理两种。

相容的选言推理的基本原则是：大前提是一个相容的选言判断，小前提否定了其中一个（或一部分）选言肢，结论就要肯定剩下的一个选言肢。

例如：这个三段论的错误，或者是前提不正确，或者是推理不符合规则；这个三段论的前提是正确的，所以，这个三段论的错误是推理不符合规则。

不相容的选言推理的基本原则是：大前提是个不相容的选言判断，小前提肯定其中的一个选言肢，结论则否定其他选言肢；小前提否定除其中一个以外的选言肢，结论则肯定剩下的那个选言肢。比如：

一个词，或者是褒义的，或者是贬义的，或者是中性的。"结果"是个中性词，所以，"结果"不是褒义词，也不是贬义词。

一个三角形，或者是锐角三角形，或者是钝角三角形，或者是直角三角形。这个三角形不是锐角三角形和直角三角形，所以，它是个钝角三角形。

反证法（逆向思维）

如果没有办法从正面证明问题的正确性，就换个角度，证明其相反的观点的错误性。反证法属于"间接证明法"，是从反方向进行证明的证明方法，即肯定题设而否定结论，经过推理导出矛盾，从而证明原命题。

学习了以上的基本思维方法，下面，我们基于这些思维方法，让你戴上逻辑大师的思维眼镜去解决实际问题。

在这儿所能给你的帮助，就是给你提供一套方法，这套方法是每一位逻辑大师解决问题时都少不了要用到的，你所积累的经验，将会使你培养起一种感觉，知道在碰到某一种情况时，采取哪一种或哪几种方法可能是最适合的。

A. 先弄清你面临的真正问题

B. 寻找解题方法

    b1. 找出跟别的问题的相似之处。

    b2. 将它们进行分类，化繁为简，最好能画出一张树状图。

    b3. 从容易的做起，化难为易。

    b4. 试着举出一些实际案例，归纳出它们的特点。

b5. 可以用这些特点去预测一下即将发生的事情。

或者，你也可以针对实际问题，用演绎法发现问题的特点。

如果以上的方法都还没有结果，那么你也可以尝试一下逆向思维。

C. 把选定的方案用于实践

c1. 对你在步骤 B 里想到的那些最好的想法逐一加以考察。

c2. 别过早地失望，但也别死抱住一个想法不放。

c3. 这样就行了吗？你有把握吗？把你的结论再仔细地分析一下。

D. 从问题中吸取教训

d1. 仔细分析一下你的思路，你是怎样一步步地解决这个问题的，或者为什么你没能解决这个问题。

d2. 对答案不仅要知其然，而且要知其所以然。

d3. 想想看，是不是还有更简单的解法。

d4. 仔细考察你所用的方法，看看能不能把它用在其他场合。

d5. 回顾一下你的推理方式，从中得出一些有用的结论。

你不必把这些都背下来，这不是记忆力好不好的问题。你暂且只浏览一遍，稍微熟悉一下它们就够了。然后，遇到一个具体问题时，你可以慢慢地再来仔细重读，以便找出最恰当的方法。通过多次应用，你就会以一种很自然的方式吃透它们的精神，从而真正地掌握它们。

【推荐阅读】

《逻辑思考力》，[日] 西村克己著，邢舒睿译，北京联合出版公司，2016，豆瓣评分 7.2 分。

《逻辑思维：拥有智慧思考的工具》，[美] 理查德·尼斯贝特著，张媚译，中信出版社，2017，豆瓣评分 7.7 分。

《逻辑思维，只要五步》，[日] 下地宽也著，朱荟译，企业管理出版社，2014，豆瓣评分 7.4 分。

系统性分析问题的框架思维

—— 六种思维框架

顶尖咨询师的思维框架

即使你没有商科学习的背景，大概也听说过麦肯锡这家公司。这是世界上最著名的企业战略咨询公司，与波士顿咨询、贝恩咨询、罗兰贝格并称四大战略咨询公司。麦肯锡公司的顶尖咨询师为世界 500 强企业制定战略，不但要让拥有几十年经验的企业老总们信服，还要为企业发现自己都不曾意识到的问题，为企业找到突破口。是这些咨询师聪明绝顶，还是他们的方案都是纸上谈兵？他们为什么拥有如此强大的分析能力呢？

像麦肯锡这样顶级的战略咨询公司每年都会招收顶尖学校最聪明的学生，他们的方案虽然并不都能落地，但是都对企业发展具有较强的指导意义。可不为人知的是，这些战略公司在分析问题的时候都有自己多年积累的框架模型，如分析企业外部环境会用 PEST 模型，里面涵盖了政治法律环境、经济环境、社会文化环境、技术环境等各种因素，可以非常清晰地展示出企业所面临的最重要的外部环境。比如分析企业的产品线会运用波士顿矩阵模型，基于市场增长率和相对市场份额来确定企业的核心产品、潜力产品。

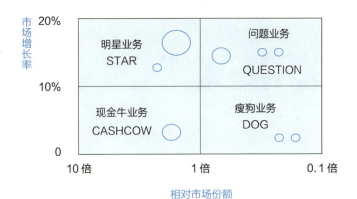

经济因素
· 社会经济结构
· 经济发展水平
· 经济体制和经济政策
· 经济的当前状况
· 其他一般经济条件

政治和法律因素
· 政府行为
· 法律法规
· 政局稳定状况
· 路线方针政策
· 国际政治法律因素
· 各政治利益集团

企业

社会和文化因素
· 人口因素
· 社会流动性
· 各阶层对企业的期望
· 消费者心理
· 文化传统
· 价值观

技术因素
· 技术水平
· 技术力量
· 新技术的发展

图 3-3　分析企业外部环境的 PEST 模型

市场增长率

20%

明星业务
STAR

问题业务
QUESTION

10%

现金牛业务
CASHCOW

瘦狗业务
DOG

0

10 倍　　　　　　1 倍　　　　　　0.1 倍

相对市场份额

图 3-4　波士顿矩阵模型

这些框架模型的好处在于，可以在不同项目上经过一定改良后重复应用，并在实践中不断调整框架。而这也是这些战略咨询公司的核心竞争力，让它们能快速解决企业面临的问题。

事实上，不只是咨询师在工作中会运用框架模型去解决问题，很多具有创造性的工作同样要利用框架。一位连载小说家不是每期去临时性地想下一期怎么写，而是在第一期开始前就已经想好了整个故事的框架，有哪些人物，有什么样的背景，有怎样的情节，然后再在一期期中不断地展开。一位软件架构师在软件开发前就已经构想出了整个软件要实现的功能，确定了每个模块的主要作用，然后他才能分解任务，让更多的工程师参与进来；政府在制定城市发展规划前，就要制定相关纲要，然后城市规划师再在纲要的指导下去拟定城市发展规划。

框架思维就是一套解决问题的逻辑体系。它从不同的维度展开，可以让你考虑问题更全面。它是一套高效的工具，可以在不同的场景下使用。

六种思维框架

框架就好比解决问题的一套模板，将概念性的知识连接起来，是长期实践与不断思考后沉淀下来解决问题的方法论。那么有哪些值得学习的框架搭建方法呢？

1. 多维度比选法

当你要在众多选项中进行选择的时候，可以尝试列举多项考虑因素，为每项选择进行打分，你甚至可以为每项选择进行加权，定量化地来分析选项间的优劣。比如你在找新工作的时候，在两个工作间进行选择。对薪酬、上升空间、工作环境、同事氛围、喜欢程度进行打分，两者可能相同，你可以进一步对你看重的因素加权，如薪酬是 3 分的权重，上升空间是 2 分的权重，经过分数加权，你会发现工作 A 的评分更高一点。该方法在很多领域都有应用，有的时候还会引入专家或者普通人的打分，最后得出综合的评分，对决策有很大的参考意义。

表 3-1　多维度比选法

维度分析	工作 A	工作 B	维度分析（有加权）	工作 A	工作 B
薪酬	2	1	薪酬（3分）	2	1
上升空间	1	2	上升空间（2分）	1	2
工作环境	1	1	工作环境（2分）	1	1
同事氛围	2	1	同事氛围（1分）	2	1
喜欢程度	1	2	喜欢程度（1分）	1	2
合　计	7	7	合　计	13	12

2. 象限法

平面直角坐标系是由法国数学家笛卡尔发明的，建立平面直角坐标系之后，可以确定任意一点的位置。当对横、纵坐标赋予不同意义的时候，象限也会有不同的用处。但从本质上看，平面象限法是通过两个维度对目标进行定位。比如，上文提到的波士顿矩阵模型是根据相对市场份额和市场增长率对公司产品进行定位。

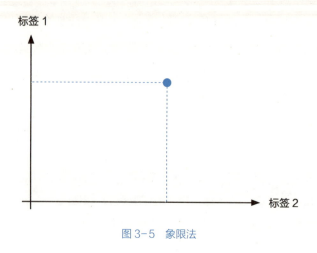

图 3-5 象限法

3. 流程法

流程法是将工作拆分到一个个的环节上，像加工产品一样，厘清每一步的工作内容，才能制造出完美的产品。在产品说明书上有产品安装流程图；在编写程序的时候，程序员也会画逻辑流程图。流程法是理顺逻辑关系、搭建逻辑框架最为常用的方法之一。

4. 阶梯法

事物的发展是有阶段的，阶梯法的意义在于提醒自己在恰当的时间去做恰当的事情。能看清事物发展变化的阶段是需要本事的。很多事情并不像我们在学校读书时那样简单，3 年初中，3 年高中，4 年大学。阶段的变化是有自己的标志性事件的。很多时候，我们也要为自己、为团队初步判断出每一个阶段的里程碑事件。比如公司开发的程序，1 万用户量是一个标志性事件，说明产品确实有需求；10 万用户量说明产品受欢迎，100 万用户量说明团队是在做正确

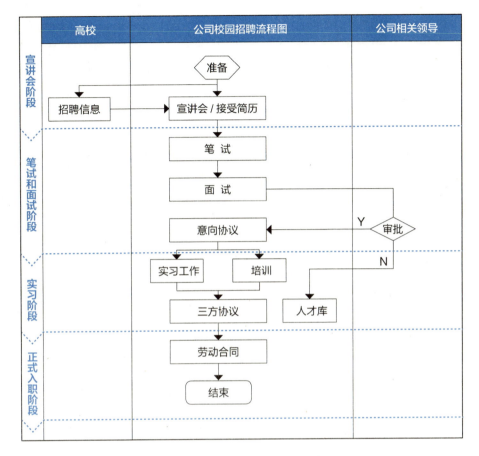

图3-6 流程法

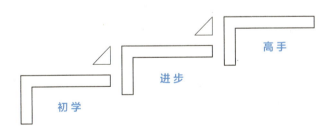

图3-7 阶梯法

的事情，有值得期待的未来。

5. 关键词法

在写论文的时候，在论文摘要的后面都要设定几个文章关键词，通过这几个关键词就可以大概地了解论文研究的领域，以便提高论文的曝光度，被同行所发现。关键词具有很强的概括性，可突出重点，便于记忆，吸引观众。比如"高富帅"和"白富美"这些都是关键词，个体身上的这些关键词就会让别人对其有基本的印象，当想到这个人的时候，最先联想到的也是这些关键词。比如在制订新年计划的时候，你列了几十条目标，自己都容易忘，你可以试着用关键词法，在几个关键词的基础上制订计划，提纲挈领，找到发展的关键点。

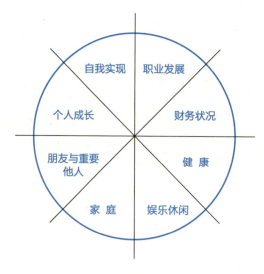

图 3-8　关键词法

6. 金字塔法

任何一件事情都可以归纳出一个中心论点，而这个中心论点可以由 3 个到 7 个论据进行支撑；每一个论据本身又可以成为一个论点，同样，也可以被 3 个到 7 个论据支撑……如此重复，就形成了金字塔一样的结构。该方法是由麦肯锡第一位女咨询顾问巴巴拉·明托在畅销书《金字塔原理》中提出的。在使用金字塔原理的时候，有以下几点值得注意：

（1）结论先行

表达观点时应该先说出结论，原因在于大脑的运作方式。如果大脑提前了解了一个结论，那么它就会自动地把接下来获得的相关信息归纳到这个结论下面来寻找联系。

（2）每个论点下面的论据不要超过 7 条

这是因为大脑没办法同时记住 7 个以上的事情。任何一个论点的论据如果达到了四五条甚至更多，就要把它们归到不同的类别里面，这样才能帮助我们记忆。

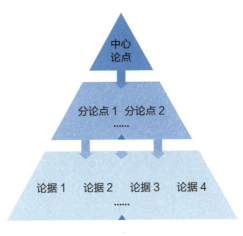

图 3-9　金字塔法

（3）每一个论点一定要言之有物

论点要清晰明确，要让别人一看就能立刻知道你想要表达什么内容。

（4）MECE 法则

MECE，即每一个论点下面支撑的论据都应当是彼此相互独立，但又完全穷尽的，这样你的论证才是清晰、有道理的。每条论据都必须要符合 MECE 法则。

框架思维是一种有利于全局考虑、厘清头绪、抓住重点的思维方式。在生活中，你可以不断地总结自己的思维框架，并在实践中不断调整。如果把大脑比作电脑，你的思考方式就是操作系统，你创造的一个个思维框架就是解决问题的程序。当以后再遇到类似的问题时，大脑就可以自动处理了，这将大大提高你的工作效率。

【推荐阅读】

《金字塔原理：思考、写作和解决问题的逻辑》，[美] 巴巴拉·明托著，王德忠、张珣译，民主与建设出版社，2002，豆瓣评分 8.1 分。

《系统思考》，[美] 丹尼斯·舍伍德著，邱昭良、刘昕译，机械工业出版社，2008，豆瓣评分 8.0 分。

《万万没想到：用理工科思维理解世界》，万维钢著，电子工业出版社，2014，豆瓣评分 8.2 分。

如何进行创造性思考
——第一性原理与好奇心

从 0 到 1 的创造力

很多时候，并不是我们不想思考、不去思考，而是我们不会思考。我们可能会闭门造车三天三夜，拿出来以为会让人拍案称奇、可一比较立刻黯然失色的思考方案。要想在千军万马中脱颖而出，关键还是看创造力。那些鹤立鸡群为世人所铭记的往往是开山立派的新学说。

创造力是一种发散性思维，是跳出已有的答案，选用更好的方法，以实现更好的结果。与此相对的是聚合思维，是在已有的答案中选择正确或者最合适的。

《从 0 到 1：开启商业与未来的秘密》这本书中有这样一句话："做大家都知道如何去做的事，只会使世界发生从 1 到 n 的改变，增添许多类似的东西。但是每次我们创造新事物的时候，会使世界发生从 0 到 1 的改变。"世界总是奖赏那些具有创造力的人。当你进入既有领域的时候，行业大佬已经塑造了很高的壁垒，你相当于是在别人设计好的游戏里争取个好的位置，这是排位赛；但是你去创造新的行业的时候，你成了最先制定规则的人，是你挖掘到了客户的需求，并满足了他们的需求，你就更容易挖掘到第一桶金。

创造力是需要建立在一定的知识基础之上的，尤其是要有宽广的视野，将跨学科的知识融会贯通。2007年，在第一部iPhone手机发布以前，就有触屏的视频播放机，也有按键板的手机，但乔布斯带领的团队将两者融合起来，将实体按键隐藏，以做个人掌上电脑的思维来做手机，因此重新发明了手机。创新性的产品往往也来自行业外，因为行业本身已经有了大量的既得利益者、惯性思维，让行业内没有人愿意去打破常规。当你与其他行业的专家交流的时候，就容易获得新的启发。

第一性原理

火箭发射是非常昂贵的，需要大国以举国之力才可以发展起来，但现在像SpaceX这样的私人公司已经可以发射火箭并做到盈利，这在SpaceX出现之前简直不可思议。硅谷"钢铁侠"马斯克在分析火箭成本的时候，发现火箭的发动机部分造价非常高，如果能将这部分像飞机一样重复利用，就可以大大节约成本。而马斯克的解决思路就是想办法提高发动机的控制技术，让发动机像飞机一样可以返回地面，这就可以实现发动机的重复使用。这就是彻底的创造性思维。

马斯克是一位连环创业者，PayPal的联合创始人，Tesla的老板，他改变了不止一个行业。他的颠覆式创新来自其所坚持的第一性原理思维。第一性原理是指基本的、不证自明的命题或假设。第一性原理思维，即从最基础的条件和规则出发，不靠横向比较和经验结论而进行的思考。简单来说，可以归纳为"追本溯源，理性推演"。

第一性原理思维主要有以下三个要点：

1.回归最本质、最基础的无法改变的条件，以此作为出发点，不可随意增加现有经验作为条件；

2.计算推演过程需要有严密的逻辑关系，尽量少引入估计；

3. 过程中不可与现有同类横向比较，尊重客观推演结果。

第一性原理思维是通过看透事物本质和严密的逻辑推理来获得最接近真相的答案的。当结果与现实不符的时候，要多问几个为什么，不要轻易说不可能，而是想办法去改变。

和很多人的直觉相反，创意的产生是需要长时间的积累的。当今时代，各领域已经积累了大量的知识，很多你自认为的新想法都已经有了很成熟的产品。在申请专利的时候，很重要的一个工作就是检索自己的想法是否已经有人实现过了。事实上，每年全世界申请成功的专利数就有300多万，而申请被驳回的还远远大于这个数字。

不要害怕遇到问题，在实际中遇到的问题恰恰是促进方法改进的重要动力。正是因为既有的方法已经不适合当前的情况，才会产生问题，而解决问题的过程就是形成新的创造性方法的过程。当然，也只有你处在行业发展的前沿时，才更容易遇到新问题。当你解决了问题，就是在满足社会的需求，创造价值。

伟大的创意常常是集体的智慧，每个人都为创意的产生贡献了部分力量，汇聚到了一起就产生了巨大的改变。头脑风暴法就是产生新点子的好方法。在集体讨论时，每提出一个新观念，就能触发其他人的思考，产生新的联想，为问题的解决提供了更多的可能性。人们都有竞争的意识，集体讨论会引起大家的好胜心理。但在头脑风暴的过程中，要延迟评价，每提出一个问题就反驳，非常容易打消发言者的积极性，另外作为职位更高的领导者尽量不要首先发言，否则很容易变成是拥护领导意识的假讨论。最好设置一位主持人，讨论前安排好资料收集工作，明确讨论目标，在讨论中加以引导。既要有想法多的点子贡献者，也要有较强分析能力的专家，这样才更有利于产生好的创意。

要想诞生伟大的创意，我们也需要在那些看似无意义的事情上投入一些时间。不要害怕意外事件的发生，循规蹈矩虽然稳定，但缺乏改变，很难收获新的成果。意外是小概率事件，却往往意味着事物有着更深层次的运行规律还未解决。不要害怕犯错，出现问题、解决问题就是新的方法诞生的过程。那些看似无意义，甚至有负面效果的事情，也在催促着我们做出改变。

永葆好奇心

好奇心是个体学习的内在动机之一，是个体寻求知识的动力，是创造性人才的重要特征。孩子们往往拥有最强烈的好奇心，他们问出的问题很多甚至已经超出人类知识的边界。可是当我们长大以后，却适应了一成不变的生活，把周围的一切都当成理所当然，也正因如此，我们才缺少了改变的动力。保持好奇心首先要始终保持对新事物的开放态度，对新行业和新知识保持求知欲；其次要保持学习的态度，不要停下对未知探索的脚步。

创造力来自思考，拉开人与人之间差距的正是创造力的差别。即使做相同的事情，你创造性的解决方法也会让你脱颖而出。永葆对这个世界的好奇心，积累知识，在那些看似无意义的事情上多投入一些时间，运用第一性原理，从本质出发去思考问题，参与集体讨论，在头脑风暴中碰撞出更多的创意：做到这些，你也将拥有惊人的创造力。

【推荐阅读】

《从0到1：开启商业与未来的秘密》，[美]彼得·蒂尔、布莱克·马斯特斯著，高玉芳译，中信出版股份有限公司，2015，豆瓣评分7.6分。

《伟大创意的诞生》，[美]史蒂文·约翰逊著，盛杨燕译，浙江人民出版社，2014，豆瓣评分7.7分。

《创造力：心流与创新心理学》，[美]米哈里·希斯赞特米哈伊著，黄珏苹译，浙江人民出版社，2015，豆瓣评分8.1分。

思维高手是如何思考的

—— 思维暗箱

一天 24 小时，对于所有人都是公平的。但做着重复的劳动，浑浑噩噩度过一天和不断思考、学习知识、解决问题显然在时间利用上是完全不一样的。想要成为思维高手，也是需要刻意练习的。我们在生活中可以发现各个领域的思维高手。

思维高手并不是因为他们比别人更聪明、更努力，而是因为他们比其他人更擅长利用底层的规律、时代的趋势和外部的力量，来帮助自己实现跨越式成长。他们绝不从众，也不迷信权威，而是坚持独立思考；他们能在感性与理性之间自由切换，既能设身处地地去理解别人的情感，也能保持冷静，回到问题本身来；即使在有很大的外界压力的情况下，他们也不会惊慌失措，而是会快速而高效地思考。当然，因为对底层规律的深度思考，他们对未来也有极强的预见性，因此他们往往更从容。他们也擅长抓住重点，解决关键性问题，在别人毫无头绪的时候，让问题迎刃而解。这就是一位思维高手该有的样子。

在飞机上，有一种所谓的"黑匣子"，用来记录飞机遇到的所有情况和驾驶员的操作情况。这些数据会在后期被用来分析驾驶员的行为，以提高飞行的安全性。那么思维高手的"黑匣子"记录到的他们具有怎样的思维习惯呢？

思考是建立在一定的知识基础之上的。如果你不懂经济学，就很难思考出汇率涨跌对市场的影响；如果你不懂编程，也完全不会理解手机程序是如何运作的。思维高手的知识储备是极其庞大的，但是与一般人记忆知识不同，他们更多的是去调用知识而不是记忆知识。一般人阅读一篇文章后就收藏起来，以备未来所需，可隔了很长时间回来看，却像新的一样。而思维高手却会习惯性地总结、提炼文章的核心观点与一般事实，分析文章的逻辑思路，并且会归纳成几个关键词，他们也会将当时的思考记录下来，画一个思维导图，甚至会考虑在既有的事实下，自己会推演出什么样的结果。他们读一篇文章，会试着总结一个类型，掌握一套思维体系，这比一般人读几十篇都要强。而这些知识最后只归纳为几个关键词或者几段话，当他们需要的时候调用出来就可以了。

思维高手遇到问题，绝不仅仅局限在问题本身，他们还有非常强大的联想能力，会将问题放在更大的系统里进行思考。客观事物鲜有独立存在的，客观事物的系统性是普遍存在的。因此，要用思维的系统性去解释客观事物的系统性。思维高手善于分析事物间的关系，看清问题在系统中的位置，并找出导致问题的原因。思维高手也不会就问题来讨论问题，人与人之间利益的不同，才是导致很多问题出现的本质原因。思维高手也深谙系统的动态性，会站在变化的角度来思考问题，明白只有运用系统性思维才能看清事物的变化规律，从而对未来有更多的预见性。

思维高手能在感性思维与理性思维间切换自如。在人的思维体系里，既有感性思维又有理性思维，它们是思维的一体两面。感性思维指人的情感性思考，能对别人的遭遇感同身受，感受力很强，能体会到任何事物情感的变化；理性思维是我们借助抽象思维，基于事实进行逻辑推理的思维方式。思维高手与一般人相比，清晰地知道自己是处于理性状态还是感性状态，并能在两者之间切换。我们越来越发现，在思考能力上，不是理性多一点还是感性多一点的问题，而是针对具体的问题，既能调用理性思维，又能调用感性思维。

思维高手非常善于抓住重点。对普通人来说，问题总像是一团乱麻，牵一发而动全身，而思维高手却能提纲挈领般地抓住问题关键，让问题迎刃而解。

二八法则在现实生活中是普遍存在的，很多行业甚至有非常明显的头部效应。所谓头部效应，就是指在一个系统里，第一名会吸引绝大部分的注意力，并且给人留下最深的印象。这种头部效应导致了如果你不是处在一个系统的头部，那么你的付出产生的效益就会减少很多，而如果你在头部，你的努力就会被放大，产生正反馈。比如选秀节目，被人记住的往往是冠军；奥运比赛，大家往往也只记得金牌得主。思维高手就是那种善于抓重点，并用最少的努力撬动最大收益的人。

思维高手非常善于拆解问题，并找到合适的人去解决问题。在一般人眼里，问题总是巨大的、困难的，时间永远是不够用的，资源永远是稀缺的。其实人的一生都是在有限的时间里，运用有限的资源在解决问题。思维高手也不需要事必躬亲，而是会将复杂而庞大的问题进行细致的拆解。这个拆解是很有学问的：高手能够从时间的维度洞察事物的因果关系，找到问题的根源；从空间维度理解事情背后的真正规律，跳出层级去寻求问题的解决办法；高手也从人的维度，了解每一个人的优势与劣势，充分发挥每一个人的特长。就像拼图一样，思维高手将每一块拼合在一起，形成了宏伟的蓝图，只因为在最开始他们就有了未来的全景。

即使在压力之下，思维高手也能保持冷静。在外界巨大的压力（可能是难以接受的后果，紧迫的时间，外界的打击与阻碍）之下，人的情绪非常容易失控，从而做出非常不理智的行为。思维高手具有强大的心理韧性，面对压力有着极强的承受能力，能够保持头脑的冷静。不被一时的面子、得失左右自己的反应，而是更客观地看待压力和期望，做出适当的情绪反馈。

思维高手也非常善于利用工具。思维导图就是一种很好的将自己的思维呈现出来的方式。

人脑本身的容量是有限的，思考的深度需要经过一步步的逻辑推理，推理的链条越长，就越接近事情的本质。思维导图给人以全局观，容易厘清彼此间的关系，让思考的逻辑链更长。

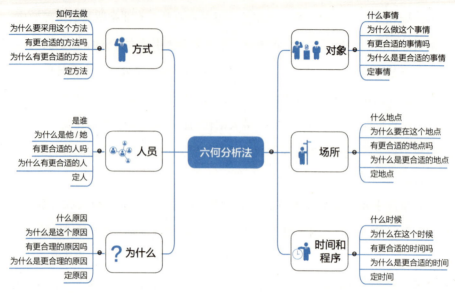

图 3-10　思维导图

　　成为思维高手并非一日之功，需要长期的训练与积累。以上文章系统地讨论了独立思考能力、基本的逻辑推理方法、框架思维与创造性思考，而将上面提到的这些方法论加以应用，将会取得显著的效果。

【推荐阅读】

　　《跃迁：成为高手的技术》，古典著，中信出版集团，2017，豆瓣评分7.9分。

　　《暗时间》，刘未鹏著，电子工业出版社，2011，豆瓣评分8.4分。

　　《清醒思考的艺术：你最好让别人去犯的52种思维错误》，[德]罗尔夫·多贝里著，朱刘华译，中信出版社，2013，豆瓣评分7.8分。

04

事业起航，成为人脉王

英雄不问出处，你的一切准备无非是要在自己的事业上取得成功：在起跑线上比别人多一点准备，在工作中沉下心来塑造个人核心竞争力，带领团队创造成绩，拥有高情商，锻造个人品牌，赢在职场。

赢在职场起跑线，身份转变

——告别学生思维，厘清人际关系，判断公司业务

初入职场要经历的四个阶段

对即将进入职场和初入职场的年轻人来说，首先必须有的心理准备是不要对工作期待过高。即使你出身名校，可能拿过大奖，论文还发表在了核心刊物上，但是在自由竞争的市场当中，工作和人才是双向选择的过程。一个人能拿到的工作机会是和你的能力基本匹配的。走入职场，你会发现你的前辈们同样拥有傲人的经历。如果你觉得自己去了一个超过自己期待的平台，也不用太拘谨，一个公司要想运作起来，是需要有人才梯度培养计划的，你同样可以在自己的岗位上做出成绩来。

从学校到职场是人生非常重要的一次身份转变。年轻人的第一份工作会伴随着很多的新鲜感和不适应感。走进新环境，你会认识新同事，这和在学校里不同，同事之间可能有很大的年龄跨度，如果部门很大，你甚至要花上一段时间才能记住每个人的名字。

新鲜期的时间会比较短暂，可能只持续 1 ~ 3 个月，大部分人都能在这期间表现得非常积极，感觉有着无穷的动力。但日复一日，大家很快就会认清现实，不知不觉间就没了新鲜感。

紧接着是适应期，你要逐步进入工作状态，了解公司的规章制度、业务流程，掌握基本的工作方法。你也会渐渐地适应自己的角色和工作任务。很多年轻人会在这个时期第一次萌发跳槽的想法，对薪酬不满意，对领导有意见，对公司的氛围有看法。第一份工作最重要的是实现个人角色的转变，哪怕你的工作确实有问题，都有必要再坚持一下，弄懂公司的运作方式，触碰到核心业务，把工作当成一种学习。

图 4-1　初入职场四阶段

　　随着任务的加重，你的业务水平可能还没有完全提升上来，人际关系也可能存在一些问题，你可能很快就进入了困难期。自信往往来自既有的成功经验。在人生的新阶段，你还来不及积累任何成绩，就可能面临新的打击，你甚至会怀疑自己的能力。职场当中，大部分是软技能，是需要观察和实践才能体察到的；那些写在书本上、文件里的硬知识很难体现出差异。在困难期，要有勤学好问的精神，遇到不懂的地方，自己没办法思考明白就多去向前辈请教。困难期可能持续半年甚至一年，你要凭借自己的本事走出来，才能完成这次涅槃成长。

　　到了稳定期，你已经正式成为一名职场人士了，再也不会有人把你视为新员工。你已经融入团队，开始为公司创造应有的价值了。面对未来几十年的职业生涯，也该有一些自己的规划了。

学生思维与职场思维的差异

　　学生和员工有很大的差别，在职场起跑线上，最先告别学生思维的人往往是转型最成功的。学校与职场最显著的差别体现在以下几点：

1. 学校的评价指标单一，并且提高途径有限

评价学生的指标单一，即使在大学，也是以学业为主；只要你努力，效果很快就会体现出来，并且成绩也是很精确的数字，甚至很多学校会排名出来。十几年的学校生活很容易让人养成单纯的学生思维。比如付出就一定有回报，加班加点就能很快见到效果，个人可以掌控绝大部分的节奏，并且好坏评价结果分明。

职场里以上情况都很难出现。绝大部分的事情都是需要合作才能完成的，你甚至可能发现自己可有可无；你也不能左右工作的进展，因为决策权根本就不在你这儿；你干了很多，但是结果不好，还会被扣工资；方法不对，甚至是时机不对，付出的努力可能就没有效果。

要想获得领导的赏识，绩效远远不够，在很长一段时间里，你甚至找不到明确的目标。

优秀的学生有很多相似之处，但成功的职场人士各有各的法宝。学校好比运动场上的跑步比赛，职场更像是寻宝游戏，没有简单的因果关系。

2. 经济独立才是真正独立的开始，要厘清投资与收益的关系

在商业社会，经济独立的个体才真正算是独立的人。绝大部分大学生的生活费和学费还是来自家里，还不能有绝对的自主权。

大部分的学生是充满理想主义色彩的，其主要原因正是没有考虑到钱的问题。

劳动力、资本、土地是三大主要生产要素，在职场工作的人就是在用自己的劳动力换钱，用时间换钱。工作以后，大家会不自觉地多考虑自己的时间成本，又会掺杂着投资与收益的比较。而一旦涉及钱，处理和平衡各方面的关系也会变得复杂。

很多人即使在工作以后，也会回避谈钱，这无可厚非，但也没有必要具有道德优越感。但是因为有了钱这一尺度，要自我独立就要对自己负责，我们就得考虑投资与收益的关系。如果你不多做考虑，就只能长期处于低水平均衡状态，没有过多的剩余。

3. 职场要创造价值，权责分明

你在职场将变身一位生产者，但生产资料和风险却是公司提供的，所以你要创造出比自己薪水更高的价值，公司才会雇用你。社会分工的细化使要完成的任务也变得非常复杂，这就需要非常明确的权利和责任制度，确保每个人对自己的工作负责，才能保证结果的质量。

学生时代犯错，大家会原谅你，但职场上犯错，自己有责任，就要承担造成的损失。

4. 职场角色更多，人际关系更为复杂

学校里大部分都是同龄人，彼此年龄接近，师生关系也非常单纯。但在职场中，内部你要和年龄跨度几十岁的人沟通、合作，外部你要和代表不同利益的个体协商、谈判，并且绝大部分的人，你没有机会去了解、熟悉他们，你也没机会和他们成为朋友，信息是高度不对称的。你自己也要不断切换角色，可能是项目负责人，可能是配合其他部门工作，也可能变身甲方和合作伙伴谈判。这让人际关系变得非常复杂。

当你告别了学生思维，对工作有了合理期待，逐步稳定下来的时候，就该考虑一下如何脱颖而出的问题了。就职场而言，需要处理的关系无非是两个方面：一个是与人的关系，另一个是与事情的关系。

厘清职场人际关系脉络

职场的核心关系来自公司内部，因为绝大部分工作要通过与人合作才能完成，工作上、生活中处理好与同事的关系才能更好地做事情。公司有着自己的人才梯度培养计划，每一代人都有脱颖而出的机会，你的竞争者就是你的同龄人。但如果你剑拔弩张地与同龄人竞争，你又会很快被人排斥，你必须要以同盟者的姿态来团结同龄人。

即使你最后当上了领导，你的得力干将也很可能来自你曾经的同盟。职场工作是很长远的事情，有的人甚至在一家公司工作十年以上，你的综合能力早晚可以得到体现，没必要在一城一池上斤斤计较。

事实上，组织要提拔一个人，一定是你已经具备了相应的能力，并且受到了周边人的支持，两者缺一不可。如果你把同龄人都视为敌人，也就没办法获得相应的支持。在职场中，你做的事情越多，依赖你的人也越多，这本身就是在获得权力。典型的例子就是秘书和领导的关系。秘书就是最普通的基层员工，表面上什么权力都没有，但是只要领导对他形成依赖——依赖他订票、订房，依赖他拆看邮件，依赖他安排接见人的次序——对他的依赖性越高（即便所有的决策都是领导亲自做的），秘书的实际权力就越大。这在职场上叫作"行政扩权"。

人是有感情的，即使在职场合作中，多多少少也会掺杂个人感情成分。对于直接接触、合作的同部门同事既要在工作上多沟通，生活中也要形成融洽的关系。对于不直接接触的同事，要树立良好的口碑，给人靠谱的印象，让他们愿意与你在未来进行合作。

要得到领导的赏识才会得到重用，而领导往往是结果导向的，能证明自己能力的就是你能不能拿出让领导满意的结果。对领导要保持尊重，在同事面前千万不能说领导坏话，因为不小心就可能传到领导耳朵里。前辈中的老员工也会有很多值得学习的地方，成功、失败的经验都值得学习。老员工工作多年，经历过公司的发展历程，他们之间的关系你也需要更长的时间才能摸透，不要轻易站队，否则很容易成为被攻击的对象。

图4-2 职场人际关系

你的下属是未来支持你成为领导者最关键的拥护者，在你带领他们做事情的时候，就要以领导的眼光物色未来潜在的同盟者和合作伙伴。作为前辈，你要帮助下属成长，他们才会因此感激你。

一个有战斗力的团队核心一定是做事的，具有生产力和竞争力的，这是企业赖以生存的基础。那些把时间消耗在内部人际关系处理上的企业，也没什么大的前途，学不到什么东西，离开也并不可惜。

学会判断公司业务类型

在公司做事，要厘清公司的基本架构，知道公司是靠什么创造效益的。直接产生效益的才是核心业务部门。要想有最快成长、最大收益，成为公司不可或缺的人，就要在公司核心业务上发挥作用。

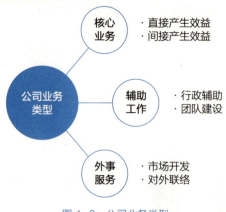

图 4-3　公司业务类型

　　如何判断公司的业务类型呢？看其占公司的营收比例，以及其成长性。公司的重心一定是放在高营收占比、高成长性的业务上的，这是公司赖以发展的基石，往往由最核心的团队来运作。稳定产品也贡献着重要的作用，但已经告别了高成长阶段，没有了扩张期，新人就很难出头。而那些虽然营收占比小，但是成长很快的产品，往往处于上升期，是年轻人出头的好机会。你的地位会随着产品的重要性相应提升，自己成为功臣。而在核心业务和稳定产品中，创新性会差很多，能保持位置不犯错就是功劳了。而对于那些营收占比低、成长性差的业务就要多加小心了，你很容易被裁减掉，换岗到其他部门，又要重新开始了。

　　辅助工作和外事服务也有相应的价值，如果你刚好在这些岗位上，也可以充分发挥自己的作用，但你的天花板会很明显。上升通道和领导岗位都更少一些，并且在公司的话语权会很少。

　　步入职场对每个人来说都是新的开始，你过去的表现全部清零，但这并不意味着你既有的才华无法展现，只不过是换了一套考评体系。记住，你的竞争者是你的同龄人，在同辈中脱颖而出就是胜利。

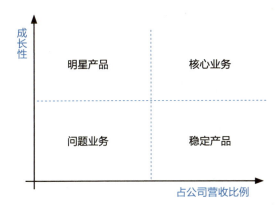

图 4-4 公司产品分类

【推荐阅读】

《职场软实力，人生硬道理》，YK 著，凤凰出版社，2010，豆瓣评分 7.6 分。

《杜拉拉升职记》，李可著，南海出版公司，2015，豆瓣评分 8.3 分。

《中国式秘书》，丁邦文著，天津人民出版社，2010，豆瓣评分 7.5 分。

职场核心竞争力，"不拼爹"也可以胜出

—— 自我管理、人际沟通与团队协作

很多人一直在苦苦寻找着职场的核心竞争力，仿佛一旦拥有了某项所谓的核心竞争力就可以扭转整个职业生涯形势，升职加薪，走上人生巅峰。与大多数人想的正相反，职场核心竞争力是几项能力的组合，打造核心竞争力是一项长期又艰巨的任务，根本就没有什么一劳永逸的事情。

打造核心竞争力真的可以让你成为公司不可替代的人吗？真实世界往往并非如此，因为有时连公司的董事长换掉了，公司依然可以照常运转。越大的公司，分工越细化，流程越标准，每个人的作用越有限。事实上，很多人在大平台工作的时间长了，误以为平台的优势就是个人的能力，等他们真正自己做事情时才发现无处下手。职场核心竞争力的塑造会让你个人越来越不依赖公司，个人就是品牌，你就是自己品牌的塑造者。

在很多公司，拥有深厚的背景确实是一项优势，如银行里可以通过个人背景邀请到一些高净值用户，再如很多人的晋升也是因为上面有人提携。这种现象是客观存在的。但是如果一个企业绝大部分人都是凭借关系而不是能力上位，那么这个企业的战斗力会持续下降。企业和社会一样，都需要一个相对公正的上升通道，否则无法鼓舞中低层的士气，企业发展动力就不足。而这个时代，人才和企业本身就是双向选择的过程，你越是拥有自己的核心竞争力，你

对企业的依赖越少，你能选择的工作就越多。

职场核心竞争力塑造是一个长期过程，即使你暂时获得领先优势，也要不断地自我提升。总的来看，职场核心竞争力可以划分为三个方面十二项能力，这三个方面分别是自我管理能力、人际沟通能力、团队协作能力。

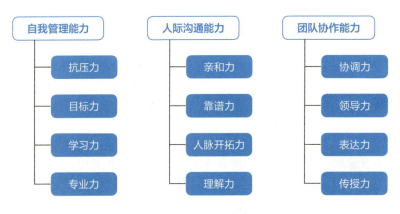

图 4-5　职场核心竞争力

自我管理能力

自我管理能力是依靠主观能动性有意识、有目的地对自己的思想、行为进行转化控制的能力。在职场中，最重要的四点核心能力是抗压力、目标力、学习力和专业力。

一、抗压力

职场处处充满挑战，随时可能有重大紧急任务到来，加班加点在所难免。你必须要能控制住压力，保持镇定，发挥正常水平，把问题解决掉。能力越大，责任越强，往往压力也会越大。如果在带领团队的时候，领导人先垮掉了，也就谈不上继续战斗了。

病理学家汉斯·塞利认为压力可以分为两种：一种是能促进成长的积极压力，另一种是遏制发展的消极压力。我们需要调节的是消极压力，因为它会给我们带来不良的影响。积极思考是应对压力最有效的方式，我们要做审慎的理性乐观派。

二、目标力

虽然公司每年都有大的目标，但是很多员工无法将其拆解成自己的目标；除此以外，对自己的未来没有规划，没有自我成长的方向感。虽然做了很多事情，但是无法触类旁通，将所有的成绩拼成一张更宏伟的蓝图。

要分别设立职场目标和个人目标，分成长期（3～5年）、中期（1年）、短期（每月、周）三种方式。一定要把目标具体化，用数字表明进度，定期评估，有反馈的坚持才能长久。

三、学习力

很多人进入职场就松懈下来，放弃学习其实就是放弃成长。职场中虽然不像学校里面有很多硬知识，但是却有数不清的软技能，是需要观察、模仿、实践、总结才能体察的。在职场学习，很多时候是要自己去发现问题，并搞清楚为什么的，这比课本知识还要难。职场学习的成果效益反馈较慢，当你偶然间发现别人的进步（其实是对方已经获得显著优势），再去学习就已经来不及了。

保持持续的学习精神需要你与明确的目标相结合。维持生活就已经消耗了大量的精力，工作的时候非常容易分心，你需要有更专注的精神。传授是更好的学习，你可以总结出一本操作手册，写一篇论文，或者在实践中指导其他人，这样更有利于你学习能力的提高。

四、专业力

这是你接受过系统性教育或培训，有着完整的知识结构的领域。经过长期积累，你拥有大量经验，并且在这个专业圈子领域有了一定的话语权和影响力，这就是你的绝对领域。在知识大爆炸的时代，每个人在任意一个领域里都有学不完的知识，但你掌握得越多，就越有可能成为这个领域的专家。

在逐步强化自己的专业力的时候，你还要观察市场与社会的需求变化。即使在传统的知识领域，也会因为其他行业的发展而发生变革，让自己的专业能力与市场保持同步，才不会被淘汰。你也要加强与专业领域里其他人的互动，这样才能打造自己的口碑和品牌，获得更多的资源。

人际沟通能力

人际沟通能力既包括你理解别人的能力，也包括你让别人理解的能力。在沟通中，形象、肢体语言、对话、电子邮件等都是人际沟通能力的体现。

一、亲和力

提高亲和力最重要的是在意别人的情绪和感受，发自内心地去微笑、寒暄，也就是走了心。每个人都喜欢有温度的人，处处留心，在意细节，才更容易让人感到温暖。你也可以学习身边那些有亲和力的人，模仿他们是进步最快的方法。

二、靠谱力

人际关系往往不是一锤子买卖，靠谱力是建立在长期合作与互动基础上的。

你过往的经历和个人标签也能体现出你的靠谱力。靠谱力也会清除彼此的戒备心，更容易让双方坦诚相待，提高沟通效率，降低沟通成本。

第一印象往往根深蒂固，并且对方的反馈会加强你对第一印象的坚持，守时、礼貌、不轻易承诺、举止稳重都能体现你的靠谱力。尤其是在合作关系中，你一定要靠谱才能赢得再次合作的机会。

三、人脉开拓力

英国牛津大学的人类学家罗宾·邓巴提出了"150定律"，社交网络统计数据表明，普通人的资源和智力将允许人类拥有稳定社交网络的人数是148人，四舍五入大约是150人。但是在市场经济环境下的陌生人社会，我们是通过弱关系和契约精神开展合作的，弱关系带来的信息和资源交换才真正是你成功的关键。你必须要结识更多的人，快速获得陌生人的好感，互换有用信息，才能开展业务。弱关系强调等价交换，要别人记住你，你一定得有些亮点，能让其他人觉得有用才行。

四、理解力

职场涉及众多利益的平衡，在信息不对称的情况下，大家不可能直截了当地说话。尤其是在公司内部，你要读懂弦外音。不同场合、不同身份、不同立场代表着不同的利益方，大部分的领导发言、同事间讨论都是基于底层的需求，不要局限在谈话本身。

理解力是软技能之一，没有教科书，你需要在与人沟通的时候不断地反思、总结。对于经常见面的重要人物，你可以记录长期以来的谈话关键词，为人物画像。你甚至可以把不同的人归类，从不同人身上学习，举一反三地去练习。

团队协调能力

团队协调能力，绝大部分的工作都需要一个团队来完成。即使你只是刚进入团队的普通一员，如果你站在领导者的角度看问题，也会更好地完成任务。公司偏爱当过学生干部的应届毕业生，很重要的一个原因是：当过领导的人，才更容易被领导，他们有着领导者的全局观。

一、协调力

团队就是要集中大家的时间和资源去完成一项任务，协调每个人的时间，各部门的资源才能更好地去战斗。协调力是一种综合能力，集平衡调整力、沟通中介力、成功推进力于一体。

个人在团队中做的事情越多，获得的权力就越大，能协调各个方面关系的人自然而然地会成为未来的领导者。这是一项综合能力，要在实践中历练，要参与到不同的团队，分析每一个角色的特点，向领导者学习。

二、领导力

领导力是在管辖的范围内充分地利用人力和客观条件，以最小的成本办成所需办成的事，提高整个团队办事效率的能力。领导力的本质是影响力，你可以拆解任务，分派下去，协调各部门关系，做出成果，收获成功。

风起于青萍之末。你可以先从领导几个人开始，越往上走，越是在把握方向，平衡各方利益，分配资源。作为年轻人，你一定要迈出第一步，争取机会成为领导者，哪怕只是领导一个人。

三、表达力

即使同一个团队中，也存在着信息不对称的问题。沟通是减少不对称的最重要方法。表达力，就是你分配的任务、阐述的观点，要让别人理解。表达能力强往往意味着逻辑好、简洁、重点明确，让对方很快能知道你的需求。表达力不局限于语言，也体现在你写的邮件、留的便签，甚至是拿出的作品上。

你要很清楚自己的需求，厘清任务的重点，以合理的先后顺序甚至是框架，把你想表达的事情发布出来。这需要你多思考任务的难点，理解对方的能力，照顾对方的情绪，分清对象和场合，以便更好地让别人理解。

四、传授力

你不可能一个人把所有事情做完，你要把自己掌握的知识或技术教给别人，让他们帮你去具体实现。职场中，师徒关系也是非常稳固的同盟关系，可以收获更多的支持者。

掌握传授力的四个方法：第一，我们要学会处理传授方与受教方的关系，传授方要尽量跟受教方形成平等的伙伴关系；第二，传授方要有意识地跟受教方建立和谐关系；第三，传授方应该发挥聆听和提问的能力，不要滔滔不绝地说出所有的东西；第四，传授方要学会夸奖和责备的技巧。

生活的真实性就在于，你每取得一个成绩都需要扎实的努力。打造职场竞争力并非一朝一夕，你也要根据自己的实际情况稍有侧重。现在你已经了解了职场核心竞争力的全貌，那就用时间去塑造吧。

【推荐阅读】

《12个工作的基本》，[日] 大久保幸夫著，程亮译，江西人民出版社，2016，豆瓣评分 8.0 分。

《靠谱：顶尖咨询师教你的工作基本功》，[日]大石哲之著，贾耀平译，江西人民出版社，2017，豆瓣评分7.7分。

《安静：内向性格的竞争力》，[美]苏珊·凯恩著，高洁译，中信出版社，2012，豆瓣评分8.1分。

塑造卓越领导力，你也可以成为团队领袖

——领导力的层次与个人修为模型

成为领导者

无论是创业公司里的合伙人，还是体制性企业里的管理者，他们拿着更高的薪酬甚至是股份，有着更高的社会地位，拥有影响一些人的权力，当然他们也承担着公司未来发展的风险。每个人在潜意识里都希望成为一个能影响他人、拥有权力、受到尊重的人，也就是成为一位领导者。

事实上，无论是作为管理者还是领导者，都需要具备一定的实力，并且必须可以带领团队不断地取得成功，否则你很快就会被团队所抛弃。在不同情况下，对个人领导能力的要求也是不同的，带几个人的队伍和领导上千人的公司完全不同。领导力也是需要长期学习的，并且领导人本身也要不断成长。一个领导者会不断地被提升，直到他到了能力要求超过他自身能力的位置，这被称为他的领导力边界。

组织要想以稳定的结构存在，必须要形成等级结构。可能是金字塔式，可能是扁平式，也可能是橄榄球式，但无论哪种，都是等级越高人越少，你必须要脱颖而出才能晋级。有很多人一辈子都没办法发挥其所谓的领导力。

金字塔型　　　　　扁平型　　　　　橄榄球型

图 4-6　组织结构类型

领导力的五个层次

很多人误以为，成为领导者是一定需要组织赋权的，这是绝大部分习惯被动思考的人常有的思维定式。实际上，你在公司做的事情不断增多，你能调配的资源也在增加，你的权力自然就在扩大，在无形中你就已经成了一位领导者，组织也往往会顺水推舟地赋予你职位。反过来说，你不多做事，尤其是职位以外的事情，你就很少有机会突破自己的层次。

美国领导力专家约翰·马克斯韦尔将领导力分成了五个层次。

第一个层次是职位。你的领导地位来自组织赋予，员工服从的不是你而是你背后的组织权威。在平稳发展的企业中，这是最常规的获得权力的方式。可能是因为个人突出的能力得到大领导赏识，也可能是个人背景深厚，甚至仅仅是机缘巧合。这是领导者最初始的平台，但却是最重要的机遇，你要做得更好，才能走向更高的层次。

第二个层次是认同。你和团队成员有着良好的关系，人们认同你的能力、价值观。你是在带领他们，而不是管理他们，你已经开始成为真正的领导者。你和员工的关系不仅限于工作，每个人都能感受到他人发自内心的关心，你要做一位有温度的领导，把团队成员当成共成大事的伙伴，他们才会发自内心地认同你。

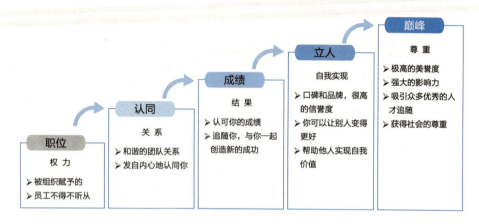

图 4-7　领导力的五个层次

第三个层次是成绩。你已经取得了一定的成绩，并获得大家的认可。大家追随你，是相信你可以带领大家取得新的、更大的成功。你的行为方式已经开始影响到其他人；你对工作的投入、深刻的见识、远大的抱负可以感召其他人。你本人的所作所为就可以影响到团队的士气。

第四个层次是立人。长期的成功已经为你积累了良好的口碑与个人品牌，人们相信你可以让他们变得更好。你言传身教，让团队的成员感觉到可以从你身上学到东西。你已经在帮助他人实现自我价值。

第五个层次是巅峰。你赢得了员工甚至是社会的尊重，拥有强大的影响力，吸引众多优秀人才加入你的团队当中。很少有企业、有领导能达到这个层次，很多时候也是可遇而不可求。这是领导者至高的理想，你已经成为可以被写进教科书的领导者典范。

从以上的分析也可以看出，领导者与管理者并不是完全对立的两个概念，两者仅仅存在角色的差异。被誉为"领导力第一大师"的哈佛商学院教授约翰·科特说："领导和管理是两个互不相同但又互为补充的行为体系；在日趋复杂和变幻无常的商业社会中，这两者缺一不可，都是取得成功的必备条件。领导未必优于管理，也未必可以取代管理；要想获得成功，真正的挑战在于将强有力的领导能力和管理能力结合起来，并使两者相互制衡。"

领导者的素质与如何成为领导者

在中国人的潜意识里，一直对好领导充满着幻想：他必须毫无道德瑕疵，很多时候可以作为表率，对待自己的员工像亲人一样。这是在中国传统人情社会下典型的明君形象，但在一定程度上并不适合基于契约关系的现代商业社会。在成年人的世界里，很多事情没有绝对的对与错，站在不同的立场上，就会有利弊的差别。

一位好的领导者并不意味着他陪团队成员一起加班到深夜，但是他必须能分清谁的付出多，并给予足够的回报。领导也可能考虑到社会关系层面而让有背景的人加入团队中，但是他要明白都是关系户的团队没有战斗力，只能自取灭亡。他关心员工，但是员工能力不足以胜任岗位的时候，也会毫不留情地开除。

就一位好的领导来讲，在个人修为上是要有异于普通人的。

首先，领导者必须要正直，如果领导者本人结党营私、贪污腐败，为自己的利益损害组织利益，自然无法代表组织行使权力，组织赋予他的权威也就荡然无存。

其次，领导者要重视公平，"人不患寡，而患不均"，不公平是对团队最大的伤害。付出没有回报，那没有人愿意再付出。

再次，领导者的行为要有一定的稳定性。出尔反尔，朝令夕改，没有一定之规，那就会加大团队内部的损耗。你要让员工了解你稳定的行为模式，他们选择以合适的方式相处，整体才能协调。

最后，领导虽然不一定完全懂行，但是也肯定要让懂行的人辅佐他。如果企业不能聚焦在核心能力上，团队自然无法达成既定目标。

正直、公平、行为稳定性、懂行是领导的个人基本修为。在此基础上，领导是要带领一个团队实现目标，那么首先要能制订目标。这就需要你有一定的前瞻力，提前确立目标，遭遇更少的竞争，才容易成功。

在找到方向后，要下定决心投入资源，这意味着承担风险、担负责任。领导的判断能力尤其重要，必须要有大局意识，以历史经验展望未来，综合考虑收益与付出，作出判断。很多公司甚至会花大价钱邀请战略咨询公司帮忙作出判断。

领导要能影响到他人，具备较强的感召力。领导随时需要发表鼓舞人心的讲话，在团队遇到困难时，员工可能会退却，你要给予团队勇气；在平稳期，团队放松警惕，出现懈怠，你要鼓舞大家打起精神，防止犯错。感召力即领导魅力的体现，是从精神层面或者物质层面影响你的团队。

领导并不需要亲力亲为，但他一定能将宏大的愿景拆解成一个个小目标，分配给合适的人，让他们在规定的时间内完成。很多的目标甚至不具有连贯性，但是当一个个小目标汇聚在一起的时候，就变成了宏伟的未来。领导要会识人，会用人，推进任务完成。

那么如何成为未来可能的领导者呢？

首先，你要有成为领导者的意愿。虽然成为领导者可能带来很多的好处，但并不是每一个人都愿意成为领导者。成为领导者意味着你要承担更大的风险，为团队创造的结果负责；你要和各种人打交道，平衡各方利益；你会有更大的压力，并且在巨大的压力下和团队一起把事情做好。如果没有成为领导者的意愿，你就无法面对这些问题。

其次，你要不断地积累领导经验。你对个人领导力的自信一定是建立在长期小成功的积累之上的。如果你连管理自己的能力都没有，给你一支队伍也会乱成一锅粥。你不断地做事情，带领越来越多的人，就是在获得认可。这样，你才能承担更重大的任务，创造更大的成功。

还有，你个人也要不断地成长。没有人可以直接达到领导力的最高层次，你要从起点一步步走上去，你甚至要比绝大多数的追随者更有学习能力，才能带领他们探索未知。

没有一个人是天生的领导者。领导力本身也是需要不断学习才能得到提升的。风起于青萍之末，浪成于微澜之间。从带领哪怕一个人开始，不断积累自己的领导经验，承担更大的任务，汇聚每一次小的成绩，就能迎来人生巨大的成功。

【推荐阅读】

《领导力 21 法则：如何培养领袖气质》，[美] 约翰·C. 麦克斯维尔著，路卫军、路本福译，时代华文书局，2016，豆瓣评分 7.4 分。

《领导力的精进：新手领导如何带出一支高绩效团队》，[美] 泰茜·白翰姆、睿奇·威林思著，颜超凡、杨曼译，中信出版社，2017，豆瓣评分 7.4 分。

《横向领导力：不是主管，如何带人成事》，[美] 罗杰·费希尔、艾伦·夏普著，刘清山译，北京联合出版公司，2015，豆瓣评分 8.0 分。

想成为更好的自己，做好情绪管理

——情商的内涵、情绪类型与情绪归因理论

情商的十二个内涵

　　现代人处于一个更为复杂的社会环境中，每天接收到不同的冲击，情绪会有很大的波动；工作节奏加快、任务压力大，很多人就容易情绪失控；在工作和生活的不同角色间切换，很多人也都没办法做好分割。情商的定义正是情绪智力，是一种能够识别、了解和管理自己情绪的能力。

　　情商这一概念最早由两位美国心理学家约翰·梅耶和彼得·萨洛维于1990年提出，他们重新解释了情绪智力这个概念并提出了较系统的理论。同年，约翰·梅耶和彼得·萨洛维在《想象，认知和人格》杂志上发表了标志性的文章——《情商》。

　　起初，情商这一概念并没有引起全球范围内的关注，直至1995年，时任《纽约时报》的科学记者丹尼尔·戈尔曼出版了《情商：为什么情商比智商更重要》一书，才引起全球性的情商研究与讨论，因此，丹尼尔·戈尔曼被誉为"情商之父"。《情商：为什么情商比智商更重要》一书于1997年被引入中国大陆，引发全国大讨论，使"情商"成为一个耳熟能详的名词。

　　现在，情商的内涵已经有很大的扩展，最新的国际情商能力列举出了12项情商内涵。但在这里面，情绪管理依然是这十二项内涵的基石，情绪管理既包括管理好自己的情绪，也包括能影响、管理其他人的情绪。

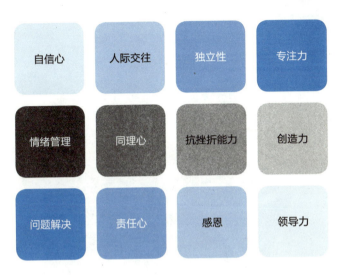

图 4-8　情商的十二个内涵

我们必须要先认识到情绪有哪些类型。美国著名心理学家罗伯特·普洛特契克开创了情绪进化理论，将情绪分为基本情绪及其反馈情绪。其中，基本情绪包括生气、厌恶、恐惧、悲伤、期待、快乐、惊讶、信任。其他情绪都是在这八种基本情绪的基础上混合派生出来的。

当然，基本情绪是理论化的情绪模型，其特征可根据事实观察得出，但无法被完全定义。每种基本情绪都有与之相反的基本情绪。任何两种情绪之间的相似度可以分为几个等级。任何情绪都可以表现出强度的不同，基于此构建了情绪轮盘。

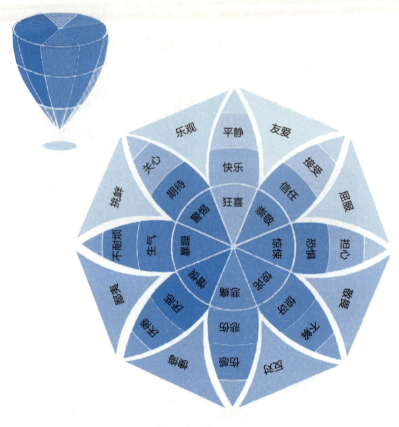

图 4-9　情绪轮盘

情绪的类型

　　情绪不仅仅是你激动时的反应，依据情绪发生的强度、持续性，可以把情绪状态分为心境、激情、热情和应激。

　　心境是一种微弱、弥散和持久的情绪，也即平时说的心情。心境的好坏，常常是由某个具体而直接的原因造成的，它所带来的愉快或不愉快会保持一个较长的时段，并且把这种情绪带入工作、学习和生活中，影响人的感知、思维和记忆。

激情是一种猛烈、迅疾和短暂的情绪，类似于平时说的激动。激情是由某个事件或原因引起的当场发作，情绪表现猛烈，但持续的时间不长，并且牵涉的面不广。激情通过激烈的言语爆发出来，是一种心理能量的宣泄，从一个较长的时段来看，对人的身心健康的平衡有益，但过激的情绪也会使当时的失衡产生可能的危险。

热情是一种强而有力、稳定、持久和深刻的情绪状态。它没有心境的弥散那么广泛，但比心境更强有力和深刻；没有激情那么猛烈，但比激情更持久和稳定。

应激是机体在各种内外环境因素及社会、心理因素刺激下所出现的全身性、非特异性适应反应，又称"应激反应"。这些刺激因素称为"应激原"。应激是在出乎意料的紧迫与危险情况下引起的高速而高度紧张的情绪状态。应激的最直接表现即精神紧张。指各种过强的不良刺激，以及对它们的生理、心理反应的总和。

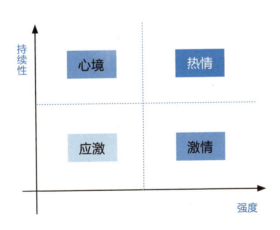

图 4-10　情绪状态分类

情绪归因 ABC 理论

你不仅要认识自己的情绪，也要能识别他人的情绪。人的情绪往往会从语言用词、语气、表情、动作中体现出来。当然更重要的一点是要有同理心。

人与人之间的差异是客观存在的，这些差异是各自在过去漫长的人生中塑造出来的。你要理解，对于同一件事情，大家的解读和回应都可能是截然不同的。我们总是会习惯性地用自己的体验解读其他人在这个世界中的体验，但如果我们不能对差异抱有足够的预期，矛盾就会不断出现。并且也不是每个人都和你一样，会通过读书、学习来提高自己的同理心。绝大部分情况下，你遇到的人不能和你一样对差异有着预期，你要面对的是拥有同理心的自己和没有同理心的其他人。很多人总是站在别人的角度考虑问题，照顾别人，甚至会觉得有一点点不公平，但是生活总会回报那些高情商的人。

当你觉察到了自己的情绪，要能跳出情绪看情绪，就像是一个旁观者一样，意识到自己的情绪状态。在自我情绪管理上，美国心理学家埃利斯创建的情绪ABC 理论大有裨益——该理论强调你的情绪产生是基于如何对自己或他人的行为进行解读的，也就是归因。情绪 ABC 理论认为，激发事件只是引发情绪和行为后果的间接原因，引起情绪的直接原因是个体对激发事件的认知和评价而产生的信念。正如埃利斯所说："人不是为事情困扰着，而是被对事情的看法困扰着。"

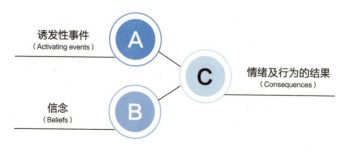

图 4-11　情绪归因 ABC 理论

生活中常见的错误归因包括用我们主观的意愿替代客观的事实。比如，我们只是想某事会发生，却认为事情一定会发生。客观事物有其自身的发展规律，不是以个人意志为转移的。我们用主观的意愿代替客观的事实，不利于沉下心来作客观分析。而一旦主观意愿落空，我们又会变得非常情绪化，从而深陷其中，不能自拔。还有极端化的情况：当有一件不好的事情发生的时候，我们就认为坏事会接二连三地发生，这也是用情绪代替了理性的思考，是自己消极的心理暗示，让自己信心全无。

情绪闭环

在识别情绪类型，并了解产生情绪的原因后，还要有调节情绪的能力。情绪是反复出现的，根据情绪 ABC 理论，在遇到相似的情况时，我们可以通过反思来调整我们对事情产生的情绪归因。我们可以把自己想象成一个身处同样境地的朋友，与自己来一场促膝长谈，从别人的角度出发，给自己写一封信，说说最近在处理情绪方面采用了哪些错误的方式，并且鼓励自己做出改变。

再进一步，我们可以为自己制定一份情绪危机处理方案，方案的内容包括：是什么引起你的情绪危机、陷入情绪危机时你通常都会有哪些表现、为了转移注意力你可以尝试做哪些事等。

图 4-12　情绪闭环

当我们有负面情绪出现的时候，非常容易对自己或周围的人产生怀疑，如果能就事论事，而不是针对其他人，则会让自己的情绪平复很多。我们要不带主观意愿地观察自己，并且要有积极的应对思想。

人的情绪是会在行为中体现出来的，而行为又是会被别人看到的。很多人被认为有城府，其实就是因为内心的情绪不会在行为举止上表现出来。这个行为举止主要是指面部表情和动作，统称为身体语言。身体语言甚至是一门学问，体态学正是一个通过观察身体运动、体态、手势和表情研究人际沟通的学科。

　　研究表明，人的面部能够产生 2 万多种表达方式。大部分人都能够通过观察面部表情而比较准确地判断出别人的情绪。虽然面部表情很多，但实际上我们只会关注几个维度：愉快—不愉快，关注—拒绝和激活水平。

　　人在不同情绪下，动作的频率和幅度会有很大的差别：当情绪激动的时候，动作幅度和频率会明显提升；人在无助的时候，多想靠着点什么东西，并且抱着一些东西也会增加安全感；当你放松时，身体会呈现舒展状态，胳膊腿脚都随意地伸开；当你喜欢时，你的身体会前倾，靠近某人或某样东西。手势也是一种透露真实想法的非语言标识，如人在说谎时，打手势就会减少。还有一些习惯性动作，如点头、摇头。嘴上说不要，身体可能会很诚实。人的体态也可以表达情绪，如自信满满的时候，身体姿态会显得更挺拔，受到伤害或者悲伤时，身体倾向于驼着背，蜷缩起来。

图 4-13　身体语言类型

在你认识到自己的情绪后，可以马上通过积极的心理暗示进行调节，从而进一步控制住自己的行为。情绪作为个人情感的自然流露，是很难进行控制的，控制本身是在反本能，只有通过刻意练习才能控制住。这个刻意练习的过程是需要别人给予反馈的。当你出现某种情绪后，你可以试探性地问一问周围人对你情绪表现的看法，最好是多征求几个人的意见，以此完成情绪反馈，不断地调整自己在不同情绪下的表现。

　　一个人只有学会控制好自己的情绪，才能成为更好的自己。人的情绪也是会传染的，你也可以影响到其他人的情绪，营造良好的氛围。心情好，生活才会更美好。而在更多不需要控制情绪的场合，自然地流露自己的情绪，释放自己的情绪，也未尝不是真性情的表现。

【推荐阅读】

　　《情商：为什么情商比智商更重要》，[美] 丹尼尔·戈尔曼著，杨春晓译，中信出版社，2010，豆瓣评分 7.6 分。

　　《情绪急救：应对各种日常心理伤害的策略和方法》，[美] 盖伊·温奇著，孙璐译，上海社会科学院出版社，2015，豆瓣评分 8.1 分。

　　《如何控制自己的情绪：最有效的 22 个情绪管理定律》，[美] 奇普·康利著，[美] 谢传刚译，中信出版社，2013，豆瓣评分 7.1 分。

个人品牌让你成为职场人脉王

——洞悉本质，打造高段位个人品牌

个人品牌的本质

你的微信好友列表里可能有几百个甚至上千个朋友，但其中与你有良好互动关系的有极大的可能并不超过 150 个，而与你关系紧密的贴心好友恐怕不会超过 20 个。这不是个人经验之谈，而是基于统计学的研究成果得出的结论。

2009 年，牛津大学的人类学家罗宾·邓巴提出了"150 定律"，该定律指出：人类智力将允许人类拥有稳定社交网络的人数是 148 人，四舍五入是 150 人，精确交往、深入跟踪交往的为 20 人左右。这是罗宾·邓巴通过调查研究得到的结论，实验中，研究小组让一些居住在大城市的人们列出一张与其交往的所有人的名单，结果他们名单上的人数大约都是 150 名。这一结论同样被社交网络的大数据分析所证实。美国 Facebook 内部社会学家卡梅伦·马龙表示：社区用户的平均好友人数是 120，仅有少数人的好友数量超过 500。无论好友人数多少，有频繁互动联系的仅有 20 人左右。

人与人之间的社交关系取决于联系的强度和频度，而在一个人时间和资源有限的情况下，就只能维系不超过 150 人的社交关系网。要想获得更多信息，结识更多优秀的人，创造更多的可能，必须另辟蹊径，而不是亲力亲为地去经营。打造个人品牌正是解决之道。

个人品牌本质上是你在其他人心中占有的位置，也就是说，当他联想到你的时候有着怎样的形象和内涵。比如说联想到你，是一位干净利落、做事稳重、待人温和的心理医生；或者是一位有主见、勤奋好学、非常有上进心的年轻人。在职场当中，个人品牌的内涵包含了个体的外在形象、人格特征、职业能力，以及其他亮点。

四种职场社交关系

如果根据职场社交关系联系的强度和频度进行划分，可以得到四种类型，即常规关系、战略关系、核心关系以及潜在关系。

常规关系包括亲朋好友。你们在生活中有着很大的联系强度，但是在涉及职业发展时联系较少，他们可能给你一些建议，但是你们很少合作。

战略关系包括你职场上联系频度高、关系也比较紧密的人。你们彼此信任，有很强的利益相关性。他们可能是你的职场导师、工作中的盟友，以及长期的支持者，还有一类人是人脉节点性人物。很多时候，我们只要认识了这些人脉节点，就可以在很大程度上扩展自己的人脉。

核心关系包括与你在工作上有很高频度的联系的人。他可能是你的客户、你的供应商，或是你的同行；你们多是基于公司业务的往来进行交往，有相应的权责与义务，很难发展成战略关系。但是，如果你跳槽或者换了行业，或者是自己创业，他们仍然是非常重要的人脉资源。个人品牌在这一类关系中就发挥着重要的作用。你的职业素养和靠谱的办事风格，在长期的互动中会成为你个人最重要的口碑。

潜在关系是弱关系，它是一种即使结识以后联系的频度和强度可能会很低，但却可能给你带来最大潜在收益的关系。在这一层关系中，因为联系的强度和频度都很弱，甚至可能就合作一次，就非常强调等价交换。个人品牌在这一层次里发挥的作用最大，并且很有可能将潜在关系转换为战略关系。

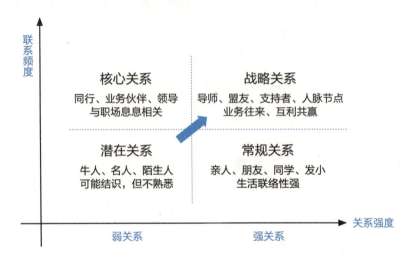

图4-14　人际关系类型

在潜在关系中，虽然强调等价交换，但这并不意味着像买卖商品一样，明码实价。人的需求是不同的，不同的东西在不同的人眼中的价值就不一样。比如说一个上市公司的老总酷爱打网球，如果你刚好网球打得好，你们完全可以发展成良好的球友关系。根据马斯洛的需求层次理论，人们是有不同层次的需求的。对于那些牛人来说，他们也只是在某一领域里有很强的能力，在其他领域并不一定是专家。一个编程很牛的程序员，可能在感情方面很迟钝，如果你能帮助到他，你们也可以发展成互惠的合作伙伴。

和很多人的常识相反，越是牛人越愿意结识其他领域的牛人，因为他们深知，不管什么领域的专家都是稀缺资源，他们经过了长期的学习、训练才获得现在的能力。当彼此交换的时候，每个人都是赢家。

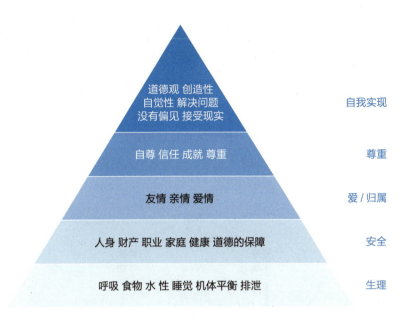

图 4-15　马斯洛需求层次模型

普通人也可以被记住

对于很多普通人来说，如何打造自己的品牌往往成了一个难题——尤其是你可能并不具备什么亮点。回想一下，在社交场合，哪些人容易被记住呢？

最容易被记住的当然是组织者，每个人都会在活动中认识组织者。瑞士达沃斯商业论坛在全球商业领域有着举足轻重的地位，但是他的创办者克劳斯·施瓦布只是日内瓦大学的一名普通教授，单纯从教授的社会地位出发，远远不及论坛上的商业巨擘，但是因为克劳斯·施瓦布从1971年创办这个论坛，到如今，他一直扮演着人脉节点的作用，地位倒是比任意一位商业巨子都要高。你可以尝试组织一些社群、活动，拓宽自己的人脉。

亮点人物也是容易被记住的，他们可能是有颜值、有资源、有魅力，或者很成熟的人，他们往往成为社交场合的明星。活跃人物往往可以配合组织者引导话题，调节社交场合的气氛，深受大家欢迎。任劳任怨帮忙的人也会赢得大家的赞扬，尤其是会被组织者注意到，很容易借着组织者获得优质的人脉。那些有特殊才能、有一定社会身份地位或者有着丰富资源的人是人们所需要的，也很容易在社交场合被记住。

这些人都是值得交往的人，你要结合自己的优势与劣势，在不同场合扮演不同的角色，进而打造自己的个人品牌，这就是个人品牌定位。

图 4-16　社交场合中的人物类型

个人品牌的四重境界

在打造个人品牌的过程中，要经历四个阶段才能真正做到内外兼修，最后成为人脉王。

初级阶段，你要让自己成为一个愿意让人接近的人。靠谱是基石，否则不可能树立长期稳固的形象；做人要真诚，没人愿意和目的性很强的人接触，这会带给人不安全感；要有正能量，即使是微信朋友圈也都是积极向上的内容；内外兼修，要注意外在形象，也要有一定内涵。

进阶阶段，要会沟通，说话让人听着舒服，懂得如何拒绝别人，也懂得如何维系良好关系；这种沟通能力也体现在演讲、讨论，甚至写的电子邮件里；做事有分寸，懂得站在不同人的立场上考虑问题，照顾到各方的面子；在此基础上，有一定的才能，哪怕是唱歌、跳舞这些特长，也很容易让人记住。当然，才能是需要在实践中积累和提高的。

高级阶段，要有很高的情商。你已经成为企业里、行业里有一定影响力的人了，你的言谈举止都会被别人放大，如何面对形形色色的人需要很高的情商。个人品牌也是需要长期维护的，这是你在工作中长期积累形成的良好口碑，维持这个口碑需要坚持。

巅峰阶段，你的人脉已经不局限在企业和行业里了。事实上，社会好比是金字塔，越往上走，人与人之间越接近。你可以有着非常丰富而多元的人脉关系，这些人脉关系会进一步加强你在行业内的影响力；这个时候你要懂得分享，甚至要刻意栽培一些年轻人，形成有梯度的社会关系网络；你甚至可以通过媒体、网络拥有更广泛的社会影响力。

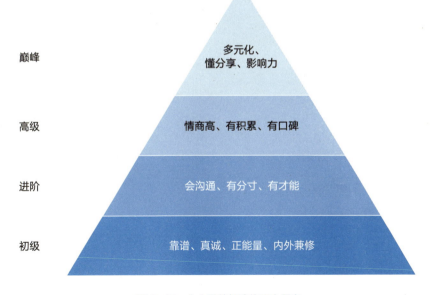

图4-17 个人品牌打造的四个层次

人生是一个由简入繁，再由繁入简的过程。最开始我们一无所有，什么都想试试看，但毕竟时间、精力都有限，我们会开始变得专注。在打造个人品牌的过程中也是这样。最开始你可能想要讨好所有人，但这不现实，你尝试了很多方向，发现都不是真正的你，你一点点尝试，最后人生留下了几个关键词，当人们想起你的时候，那几个关键词就是你的个人品牌。**个人品牌不是人设，可以营造的东西早晚会崩塌，那是你真实的自己，你想要成为的自己。**

【推荐阅读】

《深潜：10步重塑你的个人品牌》，[美]多利·克拉克著，孙莹莹译，北京联合出版公司，2017，豆瓣评分7.1分。

《联盟：互联网时代的人才变革》，[美]里德·霍夫曼等著，路蒙佳译，中信出版社，2015，豆瓣评分7.4分。

《影响力：你为什么会说"是"》，[美]罗伯特·B.西奥迪尼著，张力慧译，中国社会科学出版社，2001，豆瓣评分8.9分。

05

用自律精神打造理想的自己

我们对未来所有的美好想象都依赖实际行动去实现，而自律就是行动的保障。克制自己的欲望本身是反人性的，你要找到科学的方法培养习惯，战胜自己，绝不拖延。用时间之尺，塑造一个自律的自己，你也会拥有自己想要的人生。

对欲望的克制才是自律的根本
——延迟满足、自我控制与训练意志力

延迟满足与自我控制

世界上有很多事情，并不是你想做，通过努力就能做到的，比如，高考考上清华大学。因为每年清华大学只招收 3000 多人，有人考上就有人落榜，不可能说清华今年看大家都很努力，就把努力的人都录取了，你要想考上，就要在考试中超过绝大部分人，这是比较型目标。但像健身、读书这些事情，你投入时间就能看到效果：你完全不需要和别人比，就能看到自己越来越苗条、健美；或者读的书又多了几本，谈吐有所提高，思想认识有所加深等，这些都是自我成长型目标。比较型目标是残酷的，它标记了你在这个社会上的位置，有赢家就有输家；自我成长型目标则相对温和，但是绝大部分人都输给了自己。

20 世纪 60 年代，美国斯坦福大学心理学教授沃尔特·米歇尔设计了一个著名的关于"延迟满足"的实验，这个实验是在斯坦福大学校园里的一个幼儿园开始的。

研究人员找来几百名儿童，让他们每个人单独待在一个只有一张桌子和一把椅子的小房间里，桌子上的托盘里有这些儿童爱吃的东

西——棉花糖、曲奇饼和饼干棒。研究人员告诉他们可以马上吃掉棉花糖，或者等研究人员回来时再吃还可以再得到一颗棉花糖作为奖励。他们还可以按响桌子上的铃，研究人员听到铃声会马上返回。

从 1981 年开始，米歇尔逐一联系现今已是高中生的 653 名参加者，给他们的父母、老师发去调查问卷，针对这些孩子的学习成绩、处理问题的能力以及与同学的关系等方面提问。

米歇尔在分析问卷的结果时发现，当年马上按铃的孩子无论在家里还是在学校，都更容易出现行为上的问题，成绩分数也较低。他们通常难以面对压力、注意力不集中，而且很难维持与他人的友谊。而那些可以等上 15 分钟再吃糖的孩子在学习成绩上比那些马上吃糖的孩子平均高出 210 分。这足以看出"延迟满足"能力的重要性。

所谓延迟满足，就是我们平常所说的"忍耐"。为了追求更大的目标，获得更大的享受，可以克制自己的欲望，放弃眼前的诱惑。延迟满足不是单纯地让孩子学会等待，也不是一味地压制他们的欲望，更不是让孩子"只经历风雨而不见彩虹"，说到底，它是一种克服当前的困难情境而力求获得长远利益的能力。

自我控制能力是个体在没有外界监督的情况下，适当地控制、调节自己的行为，抑制冲动、抵制诱惑、延迟满足、坚持不懈地保证目标实现的一种综合能力，是意志力的表现。它是自我意识的一部分，是一个人走向成功应具备的重要心理素质。在生活中，一些人经常要在周末或晚上放弃休闲活动，专心工作，难道他们不知道怎么消遣吗？这其实就是延迟满足的表现。为了保障退休后的生活，现在就将部分收入储蓄起来或者用于再投资，这也是延迟满足的表现。为了有健康的身体，不抽烟、不酗酒、不暴食，这也需要延迟满足的能力。

成年人区别于小朋友的地方，正是在于其更强大的自我控制能力，但年轻人依然非常容易被诱惑所吸引。很多大学生沉迷于游戏无法自拔而耽误了学业，年轻人工作、学习的时候也经常会不断地玩手机，导致精力无法集中，效率下降，还容易出错。这都是没有延迟满足能力的表现。

意志力是一种消耗品

如果将人生中的事情按付出与回报的关系来分类，可以划分为高付出高回报的正事、高付出低回报的倒霉事情、低付出低回报的消遣和低付出高回报的幸运之事。高付出往往意味着需要长时间的投入，有更高的风险与不确定性，而人天生是厌恶风险的，所以绝大多数人喜欢"即时反馈"，甚至是"实时反馈"。这解释了我们为什么大部分时间会沉溺于低付出带来的快感：大吃一顿，看一会儿视频或者玩一会儿游戏。

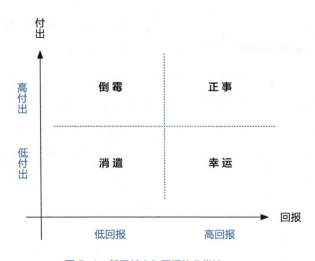

图5-1 基于付出与回报的分类法

我们也时常想摆脱这种状态，试图通过意志力来告别低效的现状。但意志力并不是万能的，甚至是非常容易被消耗的，每振作一次都能明显地感觉到意志力在消耗。你会发现你不能同时制订多个目标，如减肥、戒烟、停止酗酒，因为意志力是有限的，太多的目标往往造成最后哪个都达不到；你也会发现，当你坚持完成了一个目标，如跑步、锻炼，或者读书时，它可以增强你的意志力，当你设立新的目标时，会基于过去的成功经验，而更容易坚持下来，这正是因为意志力是可以训练的。佛罗里达州立大学心理学教授罗伊·鲍迈斯特的研究结果表明，意志力像肌肉一样，经常锻炼就会增强，过度使用就会疲劳。

在一项科学研究里，研究人员偶然发现，如果给受试者喝一点含糖的饮料，如果汁，他们的意志力就会增强。而且必须用真正的糖，甜味替代品都没用。根据这个结果，研究者推断，人的意志力消耗的能量应该来自血液中的葡萄糖。在生活中我们也有同样的感受，如你前一天没有休息好，第二天工作、学习就很难保持专注。普通人如果没有经过训练就去跑马拉松，凭意志力完全无法支撑下来。

意志力虽然是精神层面的表现，却需要真实的体力来支撑。很多夫妻工作特别忙碌，下班回家很晚，经常为了一点鸡毛蒜皮的事吵架。怎么让他们不吵呢？是让他们尽量加班，尽量减少在一起的时间吗？不是应该尽量早下班。越是工作忙碌的夫妇，越容易为了一点小事吵架，这是因为他们的意志力在工作中都被耗光了，回家很难再去控制自己的情绪。而换一份不那么忙的工作或者争取早点下班，虽然两人在一起的时间增加了，但工作消耗掉的意志力减少了，回家后还有意志力控制情绪。

意志力训练

首先，我们可以通过设立一些合理目标来训练意志力。这些目标最好是自我成长型的目标，如跑步、锻炼、读书，这些目标不能太近也不能太远，也不要贪多，达到刚刚好可以训练自己意志力的目的就行。

其次，意志力是有限的，每次使用都会被消耗，那么早晨起来应该是一天里意志力最强的时候，你应该把需要耗费意志力的事儿安排在早上。研究发现，上午 10：30 以前做完最重要的三件事是最简单、高效的自我管理技巧。

你可以和伙伴们一起设立目标，互相监督。不过最好是找那些意志力比你强的人，否则其他人先放弃了，你也可能会放松对自己的要求。人一直是有从众心理的，当看到别人克服困难坚持下去，你也会受到鼓舞。

最好把自己设立目标、每天付诸实践的心得记录下来。生活并不轻松，也很容易让人焦虑，用一些零碎的时间，做做深呼吸，感受经历的一切，记下自己克服困难的心路历程。当你设立更远大的目标，遇到困难时，回头看看曾经的自己是如何熬过来的就会更有动力。

在学校里，学业就是赛道，每个人都可以很清楚地知道自己的相对位置。但人生没有赛道，每个人都在旷野上定义自己的目标，寻找自己的宝藏。如果没有自我控制的能力，就很容易迷失自己，最后一事无成。你所有的目标，都需要你强大的自我控制能力来实现，这是人生的基石。

【推荐阅读】

《自控力：斯坦福大学最受欢迎心理学课程》，[美]凯利·麦格尼格尔著，王岑卉译，文化发展出版社，2012，豆瓣评分 8.3 分。

《意志力：关于专注、自控与效率的心理学》，[美]罗伊·鲍迈斯特、约翰·蒂尔尼著，丁丹译，中信出版社，2012，豆瓣评分 8.1 分。

《了不起的盖茨比》，[美]菲茨杰拉德著，姚乃强译，人民文学出版社，2004，豆瓣评分 8.3 分。

那些自律到极致的人，都拥有了开挂的人生

—— 自律培养方法论

自律的人绝不给自己找借口

日本著名作家村上春树极其高产，从 29 岁的第一本书《且听风吟》到 2017 年的《刺杀骑士团长》，仅长篇小说就有 14 部之多。他每天凌晨 4 点左右起床，不用闹钟，因为生物钟自带闹铃属性，到点了就从床上弹起，泡咖啡、吃点心，不刷社交网络、不剪指甲，也不睡回笼觉、不思考人生，立即开始工作。写上 5 ~ 6 个小时，到上午 10 点为止，每天写 10 页，每页 400 字，换算成村上用的电脑就是两屏半。

写好 10 页了还想写怎么办？不写了，坚决不写。写了 8 页实在写不下去怎么办？逼自己写满 10 页，像刀架在脖子上那样。每一次拿起笔来，并不需要下很大的决心，而是作为一种日常活动，是固定要完成的事情，把它做完而已。同样的事情，如跑步，他跑了 30 多年，是一样的道理。

我们总是高估自己在短期内能完成的事情，却又低估自己在长期所能取得的成就。回想一下，你有没有至少一项坚持了 10 年以上的有益习惯？如果有，

这个习惯肯定在很大程度上给你带来了非常多的收获，如果是一项技能，那你在这一领域肯定具有非常强大的竞争力。

当我们设立了一个目标，并付诸实践，我们会怀着兴奋的心情上路；不要给自己找借口，如果你觉得今天是特别的，可以稍微放纵一下自己，你在明天同样会找到其他的借口。拒绝诱惑一定是痛苦的，你可能面临着停滞不前的瓶颈期，周围的人也会怂恿你和他们一样，你要克服很多困难。当你适应了这些，逐渐在自律中找到了坚持的意义所在，也一点点看到自己的进步，你会发现：自律能够带给你发自内心的平静和享受。因为你知道，自己在一天天地改变，自律已经变成了一种深入骨髓的习惯。

自律是一种可以培养的能力

自律本身是反人性的，养成不看电视、不吃糖、不玩手机、拒绝咖啡因的习惯，把时间投入更有益的事情上，是需要抵制各种诱惑的。有人曾问我，为什么你知道那么多，文章写得那么好？我说，在最近的 10 年，我坚持每周阅读一本书。

多少人羡慕着别人的身材与样貌、成功与精彩，但是当了解到其背后付出的艰辛和近乎残酷的自我管理后，又迅速打起了退堂鼓。在浑浑噩噩、随波逐流的日子里，继续毫无意义地耗费生命。反思一下自己，除了天赋，有没有什么后天培养的亮点呢？如果没有，要不要尝试在接下来的 10 年里培养一个呢？

自律本身即是一种可以培养的能力。自律能力是可迁移的，你会发现那些在某些领域里做到自律的人，更容易在其他事情上保持自律；自律能力是可以训练的，你可以从小事做起，不断地提高标准，你会发现自己也能一点点克服困难并坚持下来；自律能力也是容易被消耗掉的，你不能一次为自己同时设立多个目标，这会让坚持变得很难。

很多人没办法做到自律在于对未来抱有悲观的态度，认为无论做何努力，未来都难以改变。混淆竞争性目标与成长性目标，对实现目标所获得的收益持有过高的期待，恨不得每天都能看到自律带来的效果。在人的一生当中，我们都曾有无数次想要改变自己的冲动，也许还会付诸实践很多次，但结果并没有我们想象的那么美好，于是我们才一步步放松了对自己的要求，甘心碌碌无为。

自律的回报不只是对自己的改变，更多的时候是会让你在竞争中脱颖而出。笔者组织过多次微信粉丝群的 100 天读书打卡活动，每次活动能坚持下来的人数都不超过总数的 5%。在生活和工作中同样如此，那些能长期坚持下来的人，即使没能做到至臻至美，也已经远远超过了周围的人。

这里我们以读书为例，为你量身定制一个 100 天坚持阅读计划。你也可以把其中的方法迁移到其他事情上。

首先根据自己的人生规划，结合自己的兴趣爱好，选择 5 ~ 10 本书。统计一下这些书一共有多少页，如 10 本书，2000 页，那么每天坚持阅读 20 页。也可以根据自己的阅读速度，每天固定阅读一定时长。

仪式感会增强人的兴奋度。每次读书的时候，你可以选择在同样的环境里、同样的时间下完成，甚至你在读书前会洗洗手，不愿在书上留下任何污迹。

为了增强收获感，每次阅读的时候，一定要做笔记，笔记中最好还有自己当天的心得，告诉自己为什么要坚持。笔记可以采用思维导图的方式，以便于厘清书中逻辑。

如果你坚持 100 天，那么恭喜你，你一定可以把这种自律能力迁移到更多的场景，你也会因此变成一个更好的人。

从上面的自律养成计划可以总结出如下规律：在培养自律能力上，你设立的目标一定要可以量化到每天做什么。可以是任务量导向的，也可以是时间导向的。对于专注度高的朋友，时间导向更好，你可以通过改进方法提高每天的效率；如果注意力不集中还容易分神，则最好设置以任务量为导向的每日目标，并且远离手机等外界干扰。

提高自律能力的有效机制：仪式感与反馈

仪式感和反馈是提高自律能力的有效机制。仪式感可以提高人的兴奋度，对所做的事情更为重视；仪式感也在提醒我们，生活不止眼前的苟且，还有诗和远方。反馈机制在于提高人的收获感，通过把时间记录下来，把心情记录下来这种方式，激励自己未来去做更有难度的事情。也可以给自己一些奖赏，甚至是放松一下的机会，以此作为反馈机制，同样能产生良好的效果。

人是有荣誉感的。你会为自己做到了别人无法做到的事情，如长期的自律而感到骄傲，当你把这份成绩分享出来告诉更多人时，会受到大家的鼓励。当你获得了大家的瞩目时，那么每当你再次想要放弃的时候，你会为你的荣誉感而战，你会觉得要坚持得更久才不会辜负大家的期待。

田馥甄是我非常喜欢的一位歌手，她也是一个非常自律的人。世纪之交的那一代歌手，可以说是群星闪耀，田馥甄并不是很出众的一位，甚至在 SHE 这个女子组合里都是很普通的存在。但 20 年过去了，那一代歌手里还能拿出上乘作品的已经寥寥无几，而田馥甄依然凭借着优美而又独特的唱腔活跃在今日的华语乐坛，最近几年的专辑依然颇受好评，深受歌迷喜爱。这就是自律的力量。

要想和时间做朋友，就一定要把时间用到那些有益的事情上，而自律就是塑造自己的过程。对于那些自律到极致的人，时间总是会加倍回报他们。我们都曾以为自由就是想做什么就做什么，后来才发现自律者才会有自由。解决人生问题的首要方案，乃是自律。缺少了这一环，你不可能解决任何麻烦和困难。而那些自律到极致的人，都拥有了开挂的人生。

【推荐阅读】

《我的职业是小说家》，[日]村上春树著，施小炜译，南海出版公司，2017，
豆瓣评分 8.3 分。

《自律力：创建持久的行为习惯，成为你想成为的人》，[美]马歇尔·古
德史密斯、马克·莱特尔著，张尧然译，广东人民出版社，2016，豆瓣评分
7.8 分。

《自律的发明：近代道德哲学史》，[美] J.B. 施尼温德著，张志平译，上海
三联书店，2012，豆瓣评分 8.4 分。

用科学方法培养良好的习惯

—— 习惯类型、形成机制与 28 天习惯养成计划

习惯是可以培养的

在商业领域，有一门专门研究用户使用产品习惯的科学。

对用户使用产品行为习惯的挖掘、培养、塑造可以给公司带来丰厚的收益。

有挖掘用户使用习惯的，如微信公众号文章几点发布用户阅读量最高，那么就在这个时间推送文章；有培养用户使用习惯的，如中国人并不喜欢咖啡，但是咖啡广告的宣传让年轻人接受咖啡、习惯咖啡；有塑造用户使用习惯的，苹果 2007 年发布的 iPhone 手机就彻底改变了用户的使用习惯，让原本的键盘手机几乎绝迹。

这些都说明，习惯是完全可以养成的。

习惯是人们为了达到某一特定目的，而在某一情景下，不断重复相同的行为，直到产生行为与情景之间自动化反应的行为模式。从习惯的生物学价值来看，习惯让我们识别一套有价值的行为模式，进而演变成能够下意识执行的自动程序，即大脑无须再次"参与"，从而释放出更多的精力关注其他新事物。

习惯是植根于潜意识的强大力量。了解习惯的形成机制，培养良好习惯，改变不良习惯，将对我们的人生产生巨大意义。正如查尔斯·杜希格在《习惯的力量》中所说："思想决定行为，行为决定习惯，习惯决定性格，性格决定命运。"

生物神经学家、社会心理学家对众多领域的"习惯行为"研究发现，形成习惯必须包括三个要素：

1. 触发：存在着一个外部"暗示"激活人的某些"渴求"。

2. 惯性行为：存在一系列得以执行的客观条件（无论是身体行动、思维，还是情感）。

3. 奖赏：达成目标后的奖赏（或避免惩罚），让大脑判断是否该保持这一系列行为，进而形成习惯。

了解形成"习惯"的三要素之后，对于识别我们的习惯、改变坏习惯、培养新习惯都大有裨益。

识别习惯的难度在于我们不知道自己的习惯是什么，就那么"习惯性"地做了。或者，知道了自己有某个习惯，但不知道为什么。

比如，我们喜欢经常刷微信这个行为，是最容易观察到的习惯性行为，可能每30分钟我们就忍不住要拿起手机看一下。对大多数想要专心工作、学习的人来讲，这并不是一个好习惯。

习惯的存在一定是有背后的奖赏机制的：可能是我们担心错过重要信息，心里有种不安全感，也可能是我们工作比较疲劳，遇到困难，想放松一下。

回想一下是什么触发了我们的行为呢？是手机响铃或者信号灯闪烁，还是工作停顿，需要放松一下。

如果你发现时常看手机这个习惯只是因为你注意力不够集中，想要放松一下，那就不用怪罪玩手机这个习惯。你可以用站起来走一走的方式来替代看手机。

在改掉一个坏习惯或者培养一个新习惯前，我们要清楚习惯是有不同类型的。习惯从培养的难度来划分可以分成三类：

1. 行为习惯：指动动手就可以做到的习惯，如写日记、做家务等。

2. 身体习惯：指让整个身体发生变化的习惯，如减肥、早睡早起等。

3. 思考习惯：指像创意思维、批判性思考能力等习惯。

行为习惯一般一个月即可养成，身体习惯一般需要 2 ～ 3 个月，而思考习惯则需要半年甚至几年。既有习惯具有行为惯性，尤其是一些坏习惯，很多时候我们用一个新习惯来代替旧习惯可能会有更好的效果。比如，你想戒掉吸烟的习惯，那么每次想要吸烟的时候，你就嚼口香糖，这比你什么都不做，用意志力去抵抗更有效果。

28 天习惯养成计划

"少成若天性，习惯如自然。"孔夫子的话从侧面告诉我们要改变自己的一些既有习惯是多么困难。我们的大脑天生厌倦改变，这源自自我保护和降低能量消耗的基本诉求。

当你想培养一个习惯时，一定要做好规划工作。

第一步，确定自己想养成的习惯后，为完成这个行为找到自己的"奖励"，可以是精神上的，也可以是物质上的。很多人看到其他人坚持下来所取得的成就也是无形中的激励。我们很多时候正是因为没有看到能做到多好，才没有坚持下来。让这个"奖励"激发你内心的渴望。

第二步，给自己设立一个触发机制，可以是每天的固定时间、固定场景。你可以先设立简单的习惯，这个习惯可以微小到你的大脑都来不及做出反抗。如果做 100 个俯卧撑比较难，那么你可以把触发机制设置为 5 个，以后再不断地给自己加量。

第三步，量化每天要重复的行为，要想培养一个习惯建议你至少要坚持 28 天以上。这是一般行为习惯可以养成的天数。而身体习惯、思考习惯则需要更长时间的规划。

这 28 天习惯养成计划，可能经历以下五个阶段。

第一个阶段：兴奋期。在我们设立了目标后，热切地期待着改变，憧憬着更美好的未来。但是兴奋期只能维持 3～5 天。这个时候也往往是很容易看到变化的时期，建议不要逞强投入太多时间，以免影响到其他事情。

第二个阶段：反抗期。反抗期会很快到来，你想改变可是你的身体已经在抗拒。这个时间无论遇到什么情况，都不要给自己找借口。即使再难，也要保持习惯的存在感，不要让行为停下来。一旦停下来，人的仪式感总倾向于重新开始。这一期间可以用日记记录下自己的感受，给自己鼓励，也可以适当调整行为的强度。

第三个阶段：形成期。我们已经感受到习惯已经成了生活的一部分，身体已经适应了日常的行为，可以适当增加强度，并将行为模式化，把想要培养的习惯尽可能地弄成固定模式、固定时间、固定地点、固定行为。可以适当给自己一些奖励。如果已经有了一定的成果，也可以分享出来，让大家监督你。

第四个阶段：倦怠期。我们感到厌烦，与此同时改变变得越来越不明显，我们甚至怀疑坚持下去的意义，这个时候可以主动为行为添加一些变化。人都有喜新厌旧的毛病，一件事情重复做，做久了肯定很厌烦，要原谅自己的厌烦感，控制好自己的情绪。这一时期是黎明前的黑暗。

第五个阶段：稳定期。我们已经感受到习惯的养成，将习惯当成了生活的一部分。到这个时期，我们要回顾新的习惯带来的改变，做一些庆祝，增强习惯养成的仪式感，这也会激励你以后培养其他习惯。

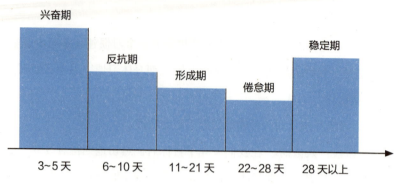

图 5-2　28 天习惯养成计划的五个关键时期

第四步，找到坚持下去的力量。现在手机上也有很多的习惯养成类 APP，有课程、有排行榜、有社群。可以在社群里找到小伙伴互相监督，可以关注 APP 中的排行榜，还可以跟着老师一起学。当看到别人能坚持时，也能增强自己做到的信心。

我们在这里设计了一个 28 天习惯养成表格，你可以考虑为自己设立一个习惯目标，量化每天完成的事情，明确每天开始的时间，并在旁边记录下自己的心得。

表 5-1　28 天打卡计划

养成习惯							
量化工作							
日　期	1	2	3	4	5	6	7
打　卡							
日　期	8	9	10	11	12	13	14
打　卡							
日　期	15	16	17	18	19	20	21
打　卡							
日　期	22	23	24	25	26	27	28
打　卡							达成

（＊颜色深浅的不同代表不同的习惯培养阶段）

【推荐阅读】

《坚持，一种可以养成的习惯》，[日]古川武士著，陈美瑛译，北京联合出版公司，2016，豆瓣评分 8.1 分。

《习惯的力量》，[美]查尔斯·杜希格著，吴奕俊、曹烨译，中信出版社，2013，豆瓣评分 8.0 分。

《微习惯》，[美]斯蒂芬·盖斯著，桂君译，江西人民出版社，2016，豆瓣评分 7.7 分。

自律的最大敌人是拖延

—— 拖延产生的原因，五步教你战胜拖延

自律的最大敌人是拖延

对绝大多数人来说，保持自律、培养习惯的最大敌人就是拖延。改掉拖延习惯的难度在于，我们会拖延改变拖延习惯。该章节内容并不适合那些拖延成疾、病入膏肓的患者，仅对那些有轻微拖延习惯的朋友有一定的指导意义。

学业上、工作中的任务有截止日期，因为可能的惩罚会使得我们加班加点，在截止时间前赶出来。而若没有达成生活中自设的目标，我们是不忍心惩罚自己的，会使很多想法不了了之。比如，每当新年来临之际，我们会定下很多美好的愿望，而到年底的时候，却发现没有一个实现的，以至于多年后的我们已经习惯于不再作出任何承诺的新年。

很多调查表明，拖延习惯在人群中是普遍存在的。尤其对大学生来说，告别了高中有外在监督的学习环境，来到大学，在自主安排学习上往往出现严重的问题。回想一下自己是不是总在截止日期的前几天通宵达旦地复习功课、准备论文、疲于应付，缺少了对知识的思考与理解的过程？如果是，这往往导致考过即忘，没能学到什么真本事。大学学霸普遍都有严格的自律精神，这也让他们在学业上取得了更好的成绩。

普通人往往对未来缺少谋划，做事情随遇而安，控制不住节奏。自律的人擅长计划，并且严格执行，这种习惯对于管理团队同样重要。而有拖延习惯的人将全部工作量都放在了截止日期前的几天，会有非常大的心理压力，也很难保证任务质量。严重一点的拖延习惯会造成一种自我攻击、自我毁灭、破罐子破摔的心态，越是做不好，就越完成不了目标，这样我们就越有挫败感，下次就越没有信心完成，形成恶性循环。

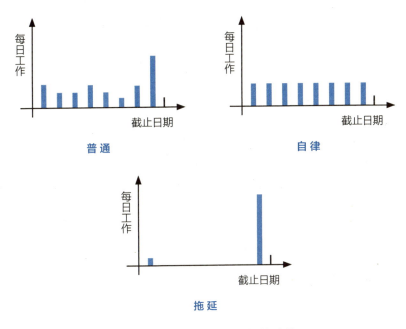

图 5-3　普通、自律与拖延的时间安排

拖延产生的原因

　　造成拖延现象的原因是多种多样的，可以概括为外界因素和内在原因。外界因素包括诱惑太多、任务本身回报率太低，以及一些社会因素等。我们每个人抵抗诱惑的能力都是有限的，对于年轻人来说，外面丰富多彩的活动，远远比按部就班地完成任务来得舒服。尤其是当你的同龄人都是如此，你就更难以沉下心来完成任务了。任务本身的回报性不足也是引起我们拖延的原因，如多做一项任务，并不意味着拿到更多的薪酬，甚至可能会因此犯错。写一篇论文，并不一定能获得录用，这种不确定感让任务变得无足轻重。社会风气的浮躁也对年轻人的选择有影响，多项任务同时推进，追求快速高效，导致每个项目都是赶工完成，敷衍检查。

内在原因可以分为身体原因、心理原因和思想原因。

1. 身体原因

人类的本性是懒惰的。行动起来就要消耗能量，需要不断思考、运动起来。我们要付出汗水、辛勤劳动才能完成任务。对很多人来说，动起来就太辛苦了。酷热的夏日，让一个胖子跑 400 米和让一个体重正常的人跑 400 米是完全不同的概念。如果已经工作了一整天，生活中还要为自己设立一些目标，我们会有太多借口拖延。很多人都说工作以后改变自己会很难，正是因为维持工作就已经耗尽了大部分的体力。

2. 心理原因

很多人拖延是对可能的结果有一种恐惧心理。第一种是害怕失败。我们很多人都会有这样的心理暗示：你看，我不是能力不行，我只是不想全力以赴罢了，这样就可以避免看到那个真实的自己。第二种是害怕成功。有的人担心成功需要付出太多，远远超过了他们所能承受的程度。因为致力于成功需要付出很多时间和努力，牺牲很多休闲的时间，于是他们认为还是站在原地比较舒服。他们认为成功会把他们推到聚光灯下，受到来自四面八方的攻击和挑衅。他们感到自己还不够强大，无法还击。通过拖延，他们降低了成功的概率，给了自己一个缓冲，好让自己不陷入忙乱的生活，或者不被众人注目。第三种是害怕竞争。他们认为竞争是会伤人的，他们害怕被指责为"自私""无情""满脑子只想着成功"；他们害怕竞争中的失败者怀恨在心，报复自己；他们害怕破坏关系。他们认为只有装作无害，没有竞争性和攻击性，才有可能获得好的关系。

3. 思想原因

完美主义倾向，有的人一直在等待一个"完美"的时机，让自己准备到"完美"的状态，才会动手去做一件事。做的过程中不允许自己有任何瑕疵，也不能接受结果的失败。

完美主义的拖延者往往对自己期待过高，不够现实。一个多年没有锻炼的女性想要在两周的时间内改善自己的体型，一个第一次写小说的人想要自己的第一部作品就能达到出版的要求，一个年轻小伙子想要自己的一个电话就能促成一个约会，一个销售员希望让每一个顾客购买他的产品和服务……结果，这些本来可以激发人们动力的高标准，却成了阻碍他们付出努力的不可能达到的要求。

完美主义的根源是"非黑即白"的二分法思维模式，缺乏复杂辩证思考能力。他们无法忍受失去，幻想着一切都可以自己搞定，所有问题在自己的手里都能轻而易举地解决，每一项任务都有堪称完美的最优解等。

除此以外，拖延被一些人认为是夺取控制权的方式。他们通过拖延，如迟到、不按时完成任务、对规章制度不遵守、对权威不屑、变被动为主动等，来获得掌控感。当不愿意去做某件事，但又迫于压力而不得不去做时，他们会用拖延来告诉你，自己对做这件事有不满的情绪。由于不敢直接表达自己的不满情绪，于是采取拖延的方式回击。这似乎成了他们的一种条件反射，而背后的情绪可能连他们自己都没有察觉到。拖延对他们来说，是对权力的争夺，是对被控制的不满，是对控制者的攻击和报复。

经验不足，也往往导致年轻人缺乏对真实时间的感知。在没有做过的工作面前，我们很难衡量工作的难易，也觉察不到可能出现的问题，倾向于简单化工作。3 天的工作量，我们以为 2 天就可以搞定，实际去做的时候，遇到的问题又迟迟无法解决，可能 4 天的工作量都不够，因此每次做事情都手忙脚乱。所以新手做事情一定要多请教，做好提前量。

五步教你如何战胜拖延

那么如何从认知层面来终结拖延习惯呢？可以分为以下五步。

1. 觉察

从自我意识中挣脱出来，从观察者的角度审视拖延现象，并梳理自己的拖延行为，做好终结它的心理准备。

2. 行动

这一步需要用意志力控制拖延，简单来说，就是在一段时间内用意志力强迫自己战胜拖延症，积极工作，完成任务。

首先，你要做的事是马上决策，从根源上斩断拖延现象寄生的土壤，在一些不用付出太多努力就可以做完的事情上做到马上行动，如晚上 12 点之前关灯睡觉，每天读书一个小时等。

其次，在一些长期拖延的事情上，屏蔽情绪影响，制订出简单的行动计划。冷静地思考完成这项工作需要做什么，分为几个步骤，各需要多少时间。制订好计划以后也不要兴冲冲地一头扎进去，先提炼出几个很容易完成的步骤，一边刷着网页一边顺手把这些步骤完成。接下来就是硬仗了，要做好长期战斗的准备，始终保持即刻行动的习惯。

3. 调节

在拖延和积极行动之间精心调节。比如，积极完成 3 天任务，然后允许自己拖延一天；或者光速做完 1 天工作，然后玩几个小时。在这个过程中，会经历长时间的自我否定，时刻都觉得拖延就像一座大山，压得自己喘不过气来，无论经过多少努力都无法改变。不过，这种心理不仅不是坏事，反而证明你在"战拖"的过程中前进了一大步，拖延习惯已经在败退。

4. 接纳自己

每个人或多或少都会对自己有所不满，深深的自卑隐藏在你的心底，平时难以发觉，现在这种不满和自卑彻底暴露在你面前了，你要做的就是接纳这个不完美的自己，接纳自己的缺点。这样做的好处是你会在不经意之间增强心理忍受能力，释放出那些被自责、怀疑、紧张压抑的正能量。

5. 自我实现

自我实现是幸福感的终极来源。虽然每个人自我实现的形式多种多样，你要做的就是用心观察"战拖"过程中能够让你达到自我实现的改变和小事，然后强化这种幸福感，并从中获得持之以恒的力量。

战胜拖延是一个长期的过程，但是当你明白拖延心理产生的原因，并且不断积累战胜拖延的成功经验时，你会有信心去面对更艰巨的任务。一个做事干净利落、不拖泥带水的人总是会受到大家的欢迎。

【推荐阅读】

《终结拖延症》，[美]威廉·克瑙斯著，陶婧、于海成、卢伊丽等译，机械工业出版社，2011，豆瓣评分7.3分。

《拖延心理学》，[美]简·博克、莱诺拉·袁著，蒋永强、陈正芳译，中国人民大学出版社，2009，豆瓣评分8.2分。

《战胜拖延症》，[加]蒂莫西·A.皮切尔、保罗·曼森著，金波译，湖北教育出版社，2014，豆瓣评分7.8分。

用好时间之尺，塑造自律的自己
——时间管理、分配与番茄工作法

柳比歇夫的时间管理

　　世界上有很多专家学者提出了各种各样的时间管理方法，但其中最有名的一位当属柳比歇夫。他 26 岁时独创了一种时间管理法，并用自己的一生实践了这种方法。这位苏联的昆虫学家、哲学家、数学家一生共发表了 70 多部学术著作，内容涵盖农业、遗传学、植物学、动物学、进化论、无神论等多个领域。

　　从 1916 年到 1972 年他去世这 56 年以来，柳比歇夫的时间日记没有一天中断过，无论是在战争的年代，还是在自己住院的时候，甚至连自己心爱的儿子去世的那天，他也一丝不苟地做了记录。柳比歇夫看似记录的是时间，但背后是令人惊叹的自律能力。

　　很多事情我们觉得很难，自己做不到，要给自己很多年的时间，但我们真正投入为目标而奋斗的有效时间并没有那么多。从一所二本学校考到中央财经大学的金融研究生，竞争激烈程度可想而知，很多人以为这要提前 1 ~ 2 年准备。笔者的一个读者朋友，也是拥有非常强大的时间管理能力的一个人，她从准备考研到结束，记录了自己投入到学习上的时间，一共是 1652 个小时。很多比较难的注册资格考试，如注册会计师、注册建造师，其实你要是从开始记录到考完所用的时间大概不会超过 500 个小时。

我们总是倾向于按天去生活，去估计实现目标的时间长度，但我们却忽视了真正投入目标上的有效工作时间。尤其是工作以后，我们维持自己的生活就已经消耗很多时间了，留给你去实现工作以外的理想的部分真的少之又少。而在工作中，排除重复性劳动，你真正为实现自己职业理想而付出的时间又有多少呢？

柳比歇夫在自己某个月的小结中，记录了自己当月用在基本科研上的时间是 59 小时 45 分钟。这 59 小时 45 分钟，又根据工作内容的不同，分为校对书稿、研究数学、阅读日常参考书、撰写学术信件等类型。用在阅读日常参考书上的时间被具体到 12 小时 55 分钟。在阅读日常参考书这一项里，他又详细地列出了书名、阅读了多少页，以及在每本书上耗费了多少时间。

柳比歇夫将近 60 个小时的基本科研时间平均到每天也就是 2 小时左右，这个量并不大。如果你现在尝试着以一个月为周期记录自己的有效工作时间，你会惊讶地发现，自己的有效工作时间可能都不到 60 个小时。

都市里生活的人每天看似很忙碌，但做的工作绝大部分都是重复性的，这种忙碌的结果只是维持了机构的正常运转，对个人的成长并没有太大意义。尤其残酷的一点是，社会上绝大部分的工作本身缺乏成长性，如地铁安检员、前台、快递员，这些工作只是需要有人去完成，但工作的人并不能在工作中获得技能上的提升。相比较而言，一位城市规划师或者会计师刚入职时的工作收入可能并不高，但是在工作中其技能会不断提升，经验会越来越丰富，这个人的岗位本领也因此是在增值的。

时间管理理论的演变

在有关时间管理的理论上先后经历过四代发展。第一代强调时间的充分利用，如何在忙碌中保持精力旺盛、如何利用碎片时间都是这一时期的研究问题；第二代强调时间的规划，如何制定日程表、如何与长远的计划结合都是其关注重点；第三代强调分配，如何根据事情的轻重缓急分配时间，重要紧急四分类就是一个重要的成果，依据轻重缓急设定短、中、长期目标，再逐日制订实现目标的计划，将有限的时间、精力加以分配，争取最高的效率；第四代的时间管理已经不局限在时间的管理上，而是将时间作为尺度，进行全面的个人管理。

当你开始进行时间管理的时候，并不是让你的生命变得固定化，像机器人一样按着时间计划走。时间管理是给你的生命加上一个清晰的时间维度，让你再去衡量一件事情的时候，不只是有金钱、距离这些概念，也会考虑你做事情的时间成本。

保持自律很重要的一点是要形成良好的反馈机制。而当你把时间投入到明确的目标方向上，并感觉到随着时间的积累，距离目标越来越近的时候，你会感觉自己是在把时间变得有价值，你会感觉像积累财富一样上瘾，而这就是最好的反馈。

很少有人能像柳比歇夫一样长时间地记录自己在工作上的投入时间。当你有了一些明确的目标，如考取资格证书、准备考研，记录有效学习时间是一种很好的反馈机制，并且可以定期进行统计分析。现在有很多手机软件可以轻松记录。

时间分配的四象限法

除此以外，时间管理能做的事情在于制订计划、合理分配时间、提高专注度。对于个人成长型目标，如读书、健身、写作，我们很容易制订计划，如每天投入一小时。但对于那些竞争型目标，你并不知道你要投入多少时间才能超过别人，这很大程度上取决于实现这个目标对你有多重要，你到底有多渴望。

在时间分配上，可以利用四象限法则，将事情按重要和紧急程度进行分类。

第一象限

这个象限包含的是一些紧急而重要的事情，这一类的事情具有时间的紧迫性和影响的重要性，无法回避也不能拖延，必须首先处理，优先解决。它表现为重大项目的谈判、重要的会议工作等。

第二象限

第二象限不同于第一象限。这一象限的事件不具有时间上的紧迫性，但是，它具有重大的影响，对于个人或者企业的存在和发展，以及周围环境的建立、维护，都具有重大的意义。

第三象限

第三象限包含的事件是那些紧急但不重要的事情，这些事情很紧急但并不重要，因此这一象限的事件具有很大的欺骗性。很多人认识上有误区，认为紧急的事情都显得重要，实际上，像无谓的电话、附和别人期望的事、打麻将三缺一等事件都并不重要。这些不重要的事件往往因为它紧急，就会占据人们很多宝贵的时间。

第四象限

　　第四象限的事件大多是些琐碎的杂事，没有时间的紧迫性，没有任何的重要性，这种事件与时间的结合纯粹是在扼杀时间，是在浪费生命。发呆、上网、闲聊、游逛，这是饱食终日、无所事事的人的生活方式。

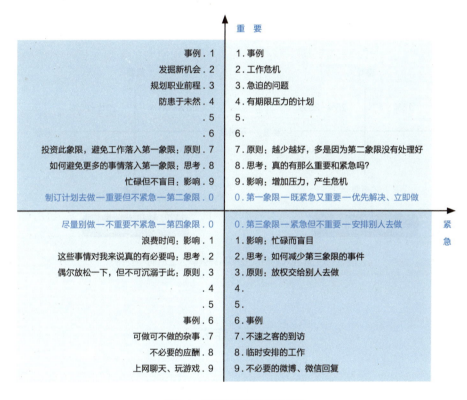

图5-4　重要紧急四象限分类法

　　在重要且紧急和不重要不紧急这两个象限中，大家的差别其实没有那么大。普通人和高效能人士在时间的安排差异上主要体现在重要但不紧急、紧急但不重要的事情上。很多人像救火队长一样很忙碌，但却没有收获，正是因为这两块时间没有管理好。

重要但不紧急的事情：重要意味着这件事情作用很大，但是不紧急意味着这件事情对现在并不会产生什么影响。而短期甚至马上能看到成果的东西常常能让我们热血沸腾，这也就使我们倾向于选择紧急但是并不重要的事情。然而这个象限最佳的处理法则是：能不做就不做，一定要做的话最好可以找到人代劳。要想和时间做朋友，就一定要把它投入那些在未来有可能引起质变的重要的事情上。

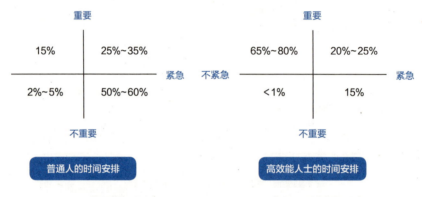

图 5-5　普通人的时间安排与高效能人士的时间安排

番茄工作法

一个人的专注能力并不体现在你对热爱的事情的投入上，而体现在你对无聊、有难度，甚至厌倦的事情的处理上。你甚至可以用计时器测一下自己能保持专注的时间长度，专注的时间并不是越长越好，这可能导致你的厌烦情绪，降低工作的效率，但是专注的时间过短，又会导致浪费掉每次切换的时间。推荐采用番茄工作法，每次任务 4 个番茄时钟，每个番茄时钟 25 分钟，中间休息 3 ~ 5 分钟。番茄工作法，可以减少我们的时间焦虑，让我们集中注意力在正

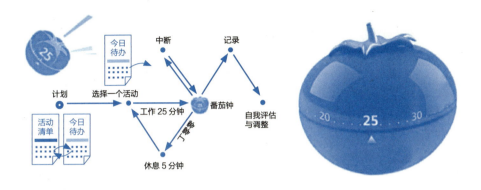

图5-6　番茄工作法

在做的事情上，增强自我激励能力。

管理学大师彼得·德鲁克说过这样一句话：如果你计算一下你的时间，你会发现自己把大部分精力都花在了没有意义的事情上。很多人对生命不负责，这种不负责并不是说真的做了什么有害的事；相反，有很多人从不伤害别人，但却对自己的人生规划和管理非常随意。时间本身就是人类抽象出来的概念，用以协调所有人的工作，如果你不能管理自己的时间，那你的时间就要被别人管理。而当你有一天可以支配其他人的时间的时候，你要记住，对自己负责，也要对别人负责。

【推荐阅读】

《把时间当作朋友》，李笑来著，电子工业出版社，2009，豆瓣评分8.5分。

《高效能人士的七个习惯》，[美]史蒂芬·柯维著，高新勇、王亦兵、葛雪蕾译，中国青年出版社，2011，豆瓣评分8.2分。

《番茄工作法图解》，[瑞典]史蒂夫·诺特伯格著，大胖译，人民邮电出版社，2011，豆瓣评分7.7分。

06

挖掘独属于自己的人格魅力

个人魅力即是一个人的吸引力，除了天生丽质，外形出众，最让人着迷的莫过于一个人的人格魅力，可惜很多人并不知道自己拥有怎样的人格特质。这部分将专门为你拆解人格魅力，也告诉你如何赢得良好的第一印象。人情社会下的中国，面子也是一门学问，会说话也更容易让你拥有好人缘，但拥有宽广的格局是更高的要求。

为你拆解人格魅力

——大五人格理论

独特的人格魅力

魅力是一种让人难以抗拒的吸引力。一些外形出众的人往往自带魅力属性，其实质也是人性中对美好事物的向往。越是消费主义盛行的时代，人们的注意力越是集中在表面现象，以至于在当代社会，女性会不遗余力地去打扮自己，男性也十分在意展示自己的外在形象。

相貌其实仅仅是个人整体形象的一环，你的穿着打扮、言谈举止同样是大家关注的焦点。如果进行整体的分类，外表、言谈等就好比一个人的硬件，而人格则是一个人的软件。

心理学家认为，人格是一个人独特的思维、情感和行为模式。在文艺作品中，有很多关于多重人格、人格分裂的描述，像是在电影《致命ID》中罪犯麦肯·瑞夫有11种人格之多，每一种人格独立行事，不知道彼此间的存在。可实际在临床上，人格分裂是非常少见的，相反，人格具有很强的稳定性和一贯性。

每个人都有自己独特的思考模式、行为模式，以及表达情感的模式。但因为生活的局限性，在我们没有面临那么多选择的时候，我们并不了解自己是一个怎样的人。比如，爱情观很能反映出一个人的人格特质，是选择一个金发碧眼的热辣美女，还是一个清新脱俗、温婉含蓄的邻家姐姐，就很能反映一个人的偏好，但现实却是你哪个都没得选，大部分人只能随遇而安。所以，我们要试着对自己提出一些问题，来探索自己内心的真正渴望，而不是完全依赖经历去发现自己。

大五人格理论

对人格的研究已经有很多理论，包括特质理论、精神动力学理论、行为主义理论、社会学习理论、人本主义理论。对人格测试也有九型人格、MBTI（迈尔斯布里格斯类型指标）、大五人格等多种模型。

人格的分类基于词汇学的一种假说：重要的人格特征一定会在母语语汇中体现出来，越重要的特征，就越有可能被浓缩成一个词来表示。你是什么个性、你有什么特点，大家都能看得见。如果很多人都有类似的特点，大家肯定就会找个词来描述这个特点。如果把意思相近的词归类，就能对人格进行分类了。

1936 年，美国心理学家阿尔波特和奥德伯特整理发表了一份史无前例的人格词表，包含 17953 个英文单词。随着时代的变迁，这张表格里面的单词也在不断地增加。不过，在汉语体系里还没有人专门进行过整理。

历经不断的发展演进，目前心理学界普遍认可的对人格进行分类的维度集中在五个因素上。1981 年，美国心理学家戈尔德伯格给这五个因素起了个绰号叫"大五"（Big Five）。今天，心理学界公认的这五大因素分别是：外倾性、宜人性、责任心、情绪稳定性、开放性。

外倾性用于评估一个人是内向还是外向；宜人性，得分高者对人友好、有教养和关心他人，得分低者则冷漠、以自我为中心或对人抱有敌意；责任心是一种责任意识与态度，责任心强者一般自律性也很强，工作努力、认真，而缺乏责任心者往往办事马虎、不可靠；情绪稳定性强的人反应缓慢而且轻微，并且很容易恢复平静，情绪稳定性差的人感情用事，有神经过敏倾向，多是坏脾气；开放性描述一个人的认知风格，得高分者不拘泥于过去的经验，对新思想持开放态度，并努力使自己的修养水平不断地提高。

表 6-1　大五人格评分表

因素	低分	高分
外倾性	孤独、不合群	喜欢参加集体活动
	安静	健谈
	被动	主动
	缄默	热情
宜人性	多疑	信任
	刻薄	宽容
	无情	心软
	易怒	好脾气
责任心	马虎	认真
	懒惰	勤奋
	杂乱无章	井井有条
	不守时	守时
情绪稳定性	自寻烦恼	冷静
	神经质	不温不火
	害羞	自在
	感情用事	感情淡漠
开放性	刻板	富于想象
	创造性差	创造性强
	遵守习俗	标新立异
	缺乏好奇心	有好奇心

　　大五人格模型并不意味着多种多样的人格可以简化为这五个因素，事实上，这五个因素所涵盖的范围非常宽泛，每个维度上都有很多特质，也不是简单地将人分为五类，它是为了强调这五个因素广泛存在于每个人的身上。大五人格模型是经过了心理学界很长时间的探索才确定下来的体现人格的主要因素。它的奇妙之处在于，你能想到的绝大部分人格上的特质都与这五个因素有关。

　　　　　　　　　　　　　　　　　　　硬功夫　助你精进的八大硬核技能　｜

锻造人格魅力

我们在谈一个人的魅力的时候，绝大部分在于其人格的魅力。在人际关系中，我们天然地会喜欢一个和你聊得来、相处融洽、办事靠谱、情绪稳定、对待问题有创造性思维的人。但很多畅销书都忽略的一点是：在实际的生活中，人格魅力是一个相对的概念，而这些书过分强调了人格魅力可能给人际关系带来的好处。比如，一个大学学生会主席在学生群体里是有人格魅力的代表，但是他在大佬如云的商业论坛上，面对身经百战、事业有成的老总们，完全无法产生对学生群体同样的吸引力。同样，在成年人的世界里，你的老板可能毫无人格魅力可言，但是他给你发奖金，给你发工资，你不会因为老板没人格上的魅力就辞职走人。人格魅力更多的是让你在同水平的人群里脱颖而出，而想要攀上更高的层次，还是要靠实力。

人格是具有稳定性和一贯性的，在30岁以后，如果不是因为经历什么大的变故，人生是很难再有很大改变的。如果一个人本来就是一个很内向的人，喜欢做一些科研工作，就没有必要非要去当销售挑战一下自己。

我们对自己往往也会有更高的评价，大部分人都更倾向于认为自己拥有更美好的品质。试想，谁会认为自己是一个不负责任的人呢？甚至，我们还会找很多理由来为自己的不负责任进行辩解。这种自我认知偏差，也在很大程度上限制了个人人格的塑造与全面发展。研究表明，那些对自己能有更公正评价的人，更容易取得进步。

与此相反，对自我人格若有过多负面的评价也是极其有害的。对自我人格的否定，在很大程度上是对自我存在的否定。笔者印象很深刻的是有一位好朋友，常青藤大学的博士，父母都是大学教授，但是一直没有谈恋爱，总觉得自己做得不够好，一次次想用更好的成绩来证明自己。与她谈过一些后，她才发现是小的时候父母对自己要求太高，总是去比较，于是就养成了自己过分要强的性格。

人生是一个追求自我平衡的过程，理想的自我是你希望自己成为什么样的人，形象的自我是你认为自己是个什么样的人，真实的自我是你实际是一个什么样的人。我们一直在追求理想的自我，不断地在探索形象的自我，又不断地在接纳真实的自我。当这三者处于平衡与稳定的状态时，才更容易收获富足而安宁的内心。

【推荐阅读】

《魅力》，[美]奥利维亚·福克斯·卡巴恩著，汤珑译，译林出版社，2014，豆瓣评分8.0分。

《洞察人性》，[奥]阿尔弗雷德·阿德勒著，张晓晨译，上海三联书店，2016，豆瓣评分7.3分。

《人格心理学：人性的科学探索》，[美]兰迪·拉森、戴维·巴斯著，郭永玉译，人民邮电出版社，2011，豆瓣评分9.0分。

第一印象是个人魅力的综合体现

—— 首因效应、力量与温暖，以及社交好处

首因效应

在人际交往中，如果说有什么捷径可以走，那么一定是给别人留下良好的第一印象。如果在社交、面试、商务谈判等活动中没能给人留下良好的印象，那么几乎很难再次获得留在赛场的机会。研究表明，个体在社会认知过程中，通过"第一印象"最先输入的信息对客体以后的认知产生的影响最为强烈，持续的时间也更长。

尽管我们的最初判断不一定准确，但是会带来强大的心理暗示，一般都会导向这两种结果：一种导向，当我们的最初判断与对方之后的行为基本相符的时候，我们会更加肯定第一印象，就像我们常说的"我从一开始就知道他是这样的人"；另一种导向，对方之后的行为与我们的第一判断不那么一致，通常我们会更加相信自己的第一判断，而忽视对方后来做出的那些不相符的行为。

美国社会心理学家洛钦斯 1957 年提出了"首因效应"并用实验加以证实，解释了"第一印象"在人际交往中的重要性。首因效应表明，当不同的信息结合在一起的时候，人们总是倾向于重视前面的信息。即使人们同样重视后面的信息，也会认为后面的信息是非本质的、偶然的，人们习惯于按照前面的信息

解释后面的信息，即使后面的信息与前面的信息不一致，也会屈从于前面的信息，以形成整体一致的印象。

当与陌生人见面的时候，我们会很快根据对方的穿着打扮、身材面貌与言谈举止形成一个整体的印象。很多女孩子表示，相亲的时候，在与对方接触的最开始的 30 分钟里，就决定了要不要继续相处下去。

第一印象很容易受到光环效应的影响：如果有人已经具备了某些正面特质，那么我们就很容易把其他正面特质也安在这个人的身上。笔者的一位企业家朋友，身材比较矮小，每次会面的时候，都会安排秘书或者第三者做好介绍，对方往往会给予充分的尊重。有一次是直接与一位来找投资的年轻人会面，没有他人介绍，年轻人就表现得比较傲慢，把笔者这位企业家朋友当成了普通职员。当我们在社交场合通过第三方做一些赞赏性的评价，如畅销书作家、小有成就的建筑师等，会提升双方的好感，也增加了谈话的融洽性，这就是光环效应在起作用。

力量与温暖

在社交场合，我们主要展现的是力量与温暖两个维度。力量让人觉得你能成事，是值得信赖的。男性在握手时倾向于短促而有力，就是为了展示自己的力量。温暖在于让人觉得你对他们是友善无害的。

有力量而缺少温暖，就会让对方抱有敌意，你越是有力量就越让人反感。有温暖而无力量会唤起对方的怜悯之心，但是会让你在社交关系中处于弱势地位，大家都不愿意听你的意见。既无力量又缺少温暖，就会为大家所轻视；既有力量又有温暖，才会赢得大家的尊重。

学会表达力量与温暖，可以给人留下美好的印象。

在展示力量方面，可以显示你的能力，让你对这个世界产生影响的特质都可以算能力，如专业技能、生活智慧、爱好特长等。

展示你的意志力、自律精神，抵抗诱惑和利益。

适当谦虚。如果你对自己的能力表现得谦虚一些，别人在评估你的真实能力时，会另外增加20%~30%的估值。自吹自擂的人，得到的是相反的结果。多强调你的潜力，潜力会给人以期待感，潜力代表一种不确定性。当人的大脑遇到不确定性时，会下意识地关注更多信息，付出更多思考，进而留下更深刻的印象。

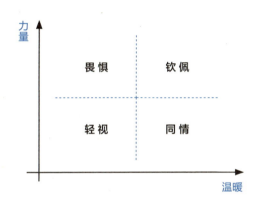

图6-1 第一印象中的力量与温暖

温暖是一种很充沛的情感，给人以归属感和被关爱感。陌生人在相处的时候会有很强的戒备心，要想获得别人的信任，首先要信任别人。

坦诚是相互的，分享自己生活中的故事，展示自己生活的细节，对方才会向你敞开心扉。保持眼神交流、点头和微笑，专注倾听，表达你对他人的重视，也很容易赢得好感。

戴尔·卡耐基在《人性的弱点》中曾经说："人性中最深层的渴望就是得到别人的重视，所以请真心实意地关注别人。"表现同理心、学会换位思考、尝试寻找双方的共性，也是在展现自己的温暖。

关注对方的感受，给予社交好处

留下良好的第一印象的一大秘诀是关注对方的感受。这里所说的"对方的感受"，不仅仅是对方对于我们的感觉，更多的是对方在这次社交过程中的自我感觉是否良好。当他感到自我满足并觉得开心，那么我们留给对方的第一印象就不会太差。

如何让对方有好的自我感觉，进而对我们有一个好印象呢？答案就是给对方社交好处。社交好处主要分为四种，分别为：欣赏、共同点、鼓舞和启发。欣赏和共同点，就是指可以适时地夸赞对方，并努力在聊天过程中找到两个人都感兴趣的话题；鼓舞的意思并不是我们一般所理解的鼓励人进步，而是在交流的过程当中，将自己的状态和情绪表现得很投入，让对方能够感受到你对于他所说的话题是感兴趣的，进而受到鼓舞；启发在这里指的是，你能够在聊天的过程当中给到对方他曾经没有的想法，让他能够通过这次的社交有所收获，从而对他的工作、生活等方面有所帮助。

第一次见面时，注重边界感也非常重要。即使两个人很聊得来，也要注意很多话题是不适合聊的，如涉及价值观的问题，就很容易引起双方在思想上的冲突与对立；关于自己的琐碎小事、一些个人决策，都容易让对方感到无聊。切忌不要传达负面情绪，尤其是抱怨之类的话要少说，对方并不知道事情的来龙去脉，仅凭你的一面之词，会让对方觉得你是一个负能量的人。涉及个人隐私的问题也不要问，尤其是在工作场合，会显得个人不够专业，降低印象分。

虽然第一印象非常重要，但是一个有涵养的人会包容对方，给双方都留下进一步了解的机会。很多领域的牛人，如苹果公司联合创办人乔布斯就是不修边幅的，一直穿着牛仔裤、T恤衫。在生活中也有很多人刻意保持低调，如果仅凭第一印象往往会错失机会，尤其是那些与自己将有长期合作的合作伙伴，要打破自己头脑中的思维定式，既不要因为良好的第一印象过分期待，也不要因为不佳的第一印象而怀有成见。

如果是自己没有给对方留下良好的第一印象，可以直接告诉对方你很抱歉，由于自己的无心之过导致了第一次见面的不愉快，并表示自己日后会多加注意——这么做并不丢脸，不仅可以让对方感觉到你的诚意，还会使对方修正对你的第一印象，并对你之后的表现有所期待。此外，也不用表现得焦虑不安，力求做好自己，在以后的日子里慢慢改变别人对自己的第一印象，同样可以博得更长久的信任和喜欢。

人们都是"认知吝啬鬼"。为了尽力保存自己的认知能量，人们往往只思考他们感到有必要的内容，不愿考虑更多。所以人们在观察你的时候，常常会借助思维捷径，如各种偏见和假设。第一印象也是造成很多误解的根源，而我们要谨记这一点。

【推荐阅读】

《第一印象心理学：你都不知道别人怎么看你》，[美]安·德玛瑞斯、瓦莱丽·怀特、莱斯莉·奥尔德曼著，赵欣译，新世界出版社，2017，豆瓣评分8.2分。

《给人好印象的秘诀》，[美]海蒂·格兰特·霍尔沃森著，王正林译，机械工业出版社，2016，豆瓣评分7.5分。

《格调：社会等级与生活品味》，[美]保罗·福塞尔著，梁丽真、乐涛、石涛译，世界图书出版公司，2011，豆瓣评分7.7分。

面子

—— 中国人的社会影响力

面子文化

在中国人的潜意识里，影响力是不属于普通老百姓的，那是名人明星、社会名流、各行各业大佬才享有的。在中国这个人情社会里，面子在很大程度上正是中国人的社会影响力的集合体。说一个人面子大，就是在说他的影响力大。中国人面子的本质，是社会对个人道德、能力、成就的认可。

面子对于中国人有多重要是一般外国人无法理解的。很多外国人都说中国人热情好客，吃饭买单都抢着买，有的时候都能打起来，要的也还是面子二字。中国传统的伦理道德，像仁、义、礼、孝等，都是在解决怎么分配资源的问题，或者说是在解决给谁面子、不给谁面子、给多大面子的问题。

中国人重视面子，如果你把它替换成社会影响力就会理解，重视面子就是在维护个人的社会影响力，面子又决定了未来参与资源分配的先后顺序，维护面子就是在维护个人利益，看似虚荣，实则理性。

近年来，一些一、二线城市随着外来人口的涌入，逐渐打破了原来熟人社会的传统模式，但总的来看，中国绝大部分土地上还是一个人情社会。脱离实际，一味讲究契约精神、规则意识与社会实际往往格格不入。中国人非常痛恨面子文化，在道德上这是对个人的束缚。在人际关系中，面子也促成了很多潜规则，但每个人却又实实在在地希望别人给自己面子。而这种矛盾心态，也只有在社会上绝大部分人讲规则、不讲面子时才会消失。

中国人对于人情社会与面子文化可以说是爱恨交加。不知有多少人因为有人情关系而减少了办事周折，得了便宜实惠，也不知有多少人被人情所伤，陷入了无穷无尽的人情世故中，痛苦不堪。但从社会系统来看，人情与面子文化是阻碍社会进步的绊脚石，降低了社会整体的运作效率。很多年轻人希望留在大城市，也是厌倦了家乡的人情与面子文化。

中国人的面子有两层含义：第一层是"做人的体面"，指人的道德与行为，是中国人自尊与尊严的体现；第二层是"社会的脸面"，指个人在社会上有所成就，从而获得的社会地位或者声望。社会地位高的人面子就大，就可以决定怎样支配社会资源。

社会的面子是对一个人的权力、地位、财富的综合考量，很大程度上已经和个体没有关系。比如，曾经的上海滩大佬杜月笙，在旧时代是有很大面子的人，母亲大寿，政界、商界、文艺界的大佬云集，高朋满座，一时间无人能比，但就杜月笙本人的道德水平，实在是不敢恭维。

当然，在现实生活中，面对陌生人，我们很难了解对方真实的社会地位，社会也不会严格地将每一个人划分为三六九等。当然，我们也要了解到，很多人为了彰显自己的社会地位，能有更多的面子，会用一些外在的附属品来挣面子。他们会虚张声势，把自己伪装成地位很高的样子，我们也要做到心里有数。

做人的体面

做人的体面更类似于大家现在经常强调的个人魅力。个人魅力是对其他人的吸引力，很多人忽视的一点是不同的人需求是不一样的，如你拼命对一个喜欢钱的女孩炫耀自己的博学就是徒劳的。

一个人的魅力由内到外，依次是他的品德、才能、思想、谈吐、行为举止、外表。

品德是核心。没有人品，能力再强也没用。人的品德往往在关键时刻体现，尤其是涉及真正利益的时候。在成年人的世界，平时的小事没有上纲上线的必要，如果一个人的品德在日常生活中就达到了让人厌烦的程度，他也很难在职场上生存下去。只有到了真正涉及每个人的切身利益的时候，才看得清楚是诚信、正直、善良，还是狡诈、阴暗、邪恶。

才能是支点。没有才能的人，办不成大事。有才能的人往往很自信，因为自信本身是要建立在一次次成功的基础上的，否则这种自信一触即溃。自信的人处处彰显着魅力。有才能的人最怕的是恃才傲物，因为这容易引起周围人的反感；如果有才能同时还能保持低调谨慎，则更容易赢得他人的赞誉。

思想是精髓。思想是先进还是落后，开放还是狭隘，都体现了你个人的认知水平，影响着别人对你的看法。从信息论的角度来讲，人们从生活中接收信息，经过大脑的归纳、理解、分析，形成个体独立的思想。我们常说的三观就是你个人思想的集中体现。一个人拥有开放的思想，时刻紧跟时代的步伐是非常重要的。

谈吐是桥梁。话不投机半句多。人与人之间靠交流维系关系。你的语气透露着你的情绪，你的语速可以看出你是否紧张。在不同场合，分清对象、吐字清晰、掷地有声，都会给别人留下好印象。

行为举止体现教养。社会中有各种各样的礼仪规定。得体的行为举止需要多年的培养。站姿、坐姿、走姿、手势都可以体现一个人的综合素质。

外表是视觉的，给了别人第一印象，美貌天生让人喜欢，干净利落也讨人喜欢。良好的仪表有光环效应，很容易博得对方的好感。我们对五官可能无能为力，但却可以保持好自己的身材。坚持锻炼体现一个人的自律能力，也有利于保持良好的精神面貌。

中国人所说的做人的体面，正是个人魅力的最大化。这与社会的面子完全不同。社会的面子掺杂了太多的利益考虑，满是算计；而做人的体面则一直是维系中国人道德观念的一个准绳。

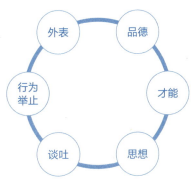

图6-2　个人魅力的组成部分

　　儒家归纳出人类社会中的五种伦理关系，就是所谓的"五伦"：父子、兄弟、夫妇、朋友、君臣。儒家提倡处理这五种关系的原则是"尊尊"和"亲亲"。"尊尊"是地位的高下，"亲亲"是关系的远近。

　　中国人在人际交往中始终会区分陌生人和熟人。所谓熟人好办事一直是中国人情文化的核心观念。按照亲疏远近有所差别：近的是情感性关系，远的是工具性关系，介于这二者之间的是混合性关系。熟人处于混合性关系这一层。

　　亲人间的关系是情感性关系，需要平均分配，执行需求法则；陌生人之间的关系是工具性关系，需要公事公办，执行公平法则；介于这二者之间的是混合性关系，需要考虑付出和回报，以及关系网内其他人的反应，执行人情法则。

　　施展个人魅力主要是对陌生人讲的。能不能把陌生人变成熟人主要靠个人魅力。中国人的面子文化有其精华，也有其糟粕。但不可否认的是，这种人情与面子文化一直是社会关系运行的规则。面子，可以说就是中国人心中的社会影响力。

【推荐阅读】

《人情与面子：中国人的权力游戏》，黄光国著，中国人民大学出版社，2010，豆瓣评分7.5分。

《潜规则：中国历史中的真实游戏》，吴思著，云南人民出版社，2001，豆瓣评分8.3分。

《乡土中国》，费孝通著，上海人民出版社，2006，豆瓣评分9.2分。

我们应该拥有怎样的格局

——需求层次与人生境界

认知范围的总和

对事物的认知谓之"格"，视野所触及的范围谓之"局"。格局，即是对事物认知范围的总和。格局的重要性在于，它决定了你如何看待这个客观的世界。

格局是具有个人特色的认知地图。格局的大小就是你所追求目标的高度、你眼界的广度、你思维的深度，以及你身上所体现出来的从容大度。

我们越来越发现，一个人的格局大小很大程度上决定了他人生的高度和低谷、上限与下限。

格局并不是简单地因为你去过很多地方，读过很多书，见过一些人就能自然得到扩大。实际上，一个人格局的大小并不完全取决于他去过多少地方、读过多少书、见过多少人。否则，一位读过很多书的导游岂不是格局最大的一类人了？拥有怎样的格局根植于你的需求状态和精神境界。

马斯洛的人类需求层次理论

人本主义心理学家马斯洛经过多年的研究提出了人类需求层次理论，由低到高按层次分为五种，分别是：生理需求、安全需求、社交需求、尊重需求和自我实现需求。

生理需求指的是吃喝拉撒睡，维持体内的生理平衡，这些是人类生存最基本的需求。如果一个人同时缺乏食物、安全、爱和尊重，那么他对食物的需求一定是最强烈的。生理需求可以主宰他的身体，甚至他的整个意识都会被饥饿所控制。他会丢掉所有其他需求，全身心投入寻找食物的活动中。这甚至会改变一个人的人生观。

安全需求指人对于安全稳定、免受惊吓、井然有序的外部环境的需求。如果一个人一直处在不安全的环境中，仅仅"为了安全而活"这个信念就会取代一切，所以人类往往偏爱熟悉、已知的事物。

社交需求指的是友情、爱情、性亲密等情感需要。在满足了基本的生理需求和安全需求后，人们会强烈地感到孤独、无助，渴望同人们建立一种深情的关系，渴望在他的团体和家庭中有一个位置，渴望与人建立情感联络。

尊重需求指人都有一种渴望得到别人认可的需求。尊重需求得到满足，也会增强人的自信，使人觉得自己是一个有价值、有力量的人；反过来，一旦这个需求得不到满足，就会使人产生自卑和无能的感觉，丧失自信，进而觉得无依无靠。

自我实现需求指人们实现了自我发挥和完成的欲望。这是一种倾向，人们希望自己的潜力能够得到发挥，使自己成为一个独特的人，成为能够成为的一切。自我实现需求处于需求层次的最顶端。

需求层次理论有两个基本出发点：一是人人都有需要，某层需要获得满足后，另一层需要才出现；二是在多种需要未获满足前，首先满足迫切需要，该需要满足后，后面的需要才会显示出其激励作用。一般来说，某一层次的需要得到相对满足后，就会向更高层次发展，追求更高层次的需要就成为驱使行为的动力。这和"仓廪实而知礼节，衣食足而知荣辱"是同样的道理。

冯友兰提出的人生境界

冯友兰在《中国哲学简史》中提到，人生有四重境界：一是天然的"自然境界"；二是讲求实际利害的"功利境界"；三是"正其义，不谋其利"的"道德境界"；四是超越世俗的"天地境界"。

自然境界是人顺着他的本能或社会的风俗习惯，就像小孩和原始人那样行事的境界；功利境界即为自己而做各种事情，这并不意味着不道德，其结果可能有利于他人，但动机是利己的；道德境界是人意识到自己是社会的一员，社会是一个整体，自己只不过是其中的一部分，其所做的都是有利于社会的；天地境界则超乎社会整体之上，是一个人意识到自己不只是人类社会中的一员，更是宇宙中的一员，他是在为宇宙的利益做事。

冯先生的人生境界与马斯洛的需求层次理论有着异曲同工之妙。不过按照中国文化的传统，读书明理的任务是为了帮助人达到后两种人生境界，特别是天地境界；而强调个人主义的西方，更看重的是自我价值的实现。

天地境界有一定的理想主义色彩，融合了中国传统文化对人生至高境界的追求，达到了圣人的程度，历史上很少有人能达到。相比之下，马斯洛的自我价值的实现每个人都有可能做到。马斯洛的自我实现不是某一时刻的问题，可以说它是一个程度问题，是许多次微小进步的日积月累。自我实现者拥有坚强的个性，他们知道自己是什么人，他们要到哪里去，他们需要什么，他们擅长什么。一句话，他们是坚强的自我，善于正确地运用自己的力量，按照他们自己的真正本性发挥作用。能够实现自我的人，是人类中的典范。

自我实现的八个途径

马斯洛指出，自我现实有以下八个途径：

1. 忘我：充分、忘我地体验生活，忘记伪装、拘谨和世故，呈现出一种孩童般的忘我状态。

2. 成长：把每一次选择都变为成长，而不是趋向防御、趋向安全、趋向畏缩。

3. 真实：倾听内心的呼唤，把真实的自我显现出来，而不只是按照父母的期望或者权威的声音来塑造自我。

4. 诚实：当你有所怀疑的时候，要诚实地说出来而不要隐瞒。

5. 勇气：要有勇气，敢于与众不同。

6. 持续进步：自我实现不是一种最终状态，而是一个连续的过程。努力做好你想要做的事，往往要经历勤奋努力的准备阶段。把自己的目标定位在一流而不是二流的水平，竭尽所能实现这个目标。

7. 放弃防御心理：识别出自己的防御心理，然后鼓起勇气放弃这种防御心理。

8. 高峰体验：高峰体验是自我实现后会经历的短暂时刻。你要发现自己善于做什么，自己的潜能是什么，然后创造条件，让自己拥有更多的高峰体验。

【推荐阅读】

《人性能达到的境界》，[美]亚伯拉罕·马斯洛著，曹晓慧等译，世界图书出版公司，2014，豆瓣评分 8.5 分。

《资治通鉴》，司马光编著，中华书局，2009，豆瓣评分 9.5 分。

《沉思录》，[古罗马]马可·奥勒留著，何怀宏译，中央编译出版社，2008，豆瓣评分 8.2 分。

会说话的人有魅力

—— 解读能力、描述能力、知识密度与反馈能力

18岁，不会说情话，可能会错过心爱的女孩；22岁，不会表达自己，找工作根本没办法和HR谈笑风生；27岁，没掌握上下级间的沟通技巧，就很难发挥自己的职场影响力；30岁，不会调解婆媳关系，家庭中就缺少了一份和睦融洽。你还要多久才能学会说话，再也不想听到你说"我就是这样的人，不太会说话"。

这个世界，以及自己，有很多无法改变，也有很多可以改变。一个睿智的人清晰地知道自己哪里可以改变，好好说话就是其中之一。人类的语言背后是复杂的思考过程，通过表达传递出的观点，形成了人类的合作机制，让经验得以流传，让合作成为可能，让感情得以长久。

其实，表达能力是可以培养出来的，不是无法改变的，否则人类岂不是停留在了婴儿牙牙学语阶段？"她天生就会说话""他这个人什么都好就是不太会说话"这些都是错误的观点。

并且，"不太会说话"会大大降低一个人的魅力值，在生活、工作中都会遇到很多困境。科学研究发现，说话甚至会影响人的生理健康。我们通过沟通才能满足自己的生理需求、认同需求、社交需求，并且实现目标。

想想在生活中你为其他人指路，是不是只会说"远、比较远、挺远的"；见

到一位女生，只会夸人家漂亮、好看、身材好；自己有很多兴趣爱好，却很难向别人清晰地表述出来，让人觉得自己很无趣；同学、同事这么多年，都没有太亲密的伙伴关系；等等。

一个人的语言表达能力基于对场景、关系、对象的解读能力，体现了其语言描述能力和知识密度的输出能力，以及游刃于逻辑与情绪间的反馈能力。

解读能力

人多人少，关系远近，男性女性，这也许是一般人都可以察觉到的差异。我们可能自己会注意到，但是谈话者因为信息不对称可能并不会注意到这些差异，从而造成沟通中的误解。

比如，在一次吃饭过程中，一位朋友的女儿高考失利，另一位朋友想表达对女孩的劝慰，就说了一句"女孩不用读太多的书，嫁得好就行了"。女孩就误解了叔叔的意思，以为叔叔有重男轻女的落后思想，把话题引向了"女孩要独立，也要多读书"的价值观层面问题。

再如，在《倚天屠龙记》中，明教在蝴蝶谷聚会后要去万安寺，小昭请求随往，张无忌和杨逍商量后准备带着她，她在谢过了张无忌和杨逍后也表达了对韦一笑的感谢。这就是对场景、关系、对象极高的解读能力。

打个比方，小昭作为下属，向领导请示工作，张无忌、杨逍、韦一笑三个领导在场：你感谢了其中两个领导，第三个领导即使没有表态，那也是对你的支持啊，他不反对就是支持，你不能对他视而不见，一句话不说也不好。所以小昭就连带表示了感谢。

解读能力是一个人情商的极致体现，有高下之别，那些敏感的人一瞬间就可以体会得到。

描述能力

网络上的很多文章还停留在电梯碰到领导要微笑问好这种层面。这些细节很多，但都是浅层次的话术。

一个人通过技巧是不能获得等级上的提升的，只有通过方法论，长期积累，才能从量变到质变。

一个人的语言是否丰富，在一定程度上体现了其读书多少、受教育程度，甚至阶层的差别。受教育程度高和读书多的人的语言明显丰富，描述同一件事情可以找到不同的词语，说出来也会更恰当。比如形容一个女子漂亮，描述能力强的人知道沉鱼、落雁、闭月、羞花四者含有不同的意思；为人指路，有一定科学常识的人知道人均步行速度 5 千米每小时，骑行速度 12 千米每小时，地面公交车行驶速度一般 25 千米每小时，小汽车在城市内一般不超过 30 千米每小时。

知识密度

为什么年轻人喜欢向德高望重的前辈请教？为什么硕士生听导师对其论文讲解几句就豁然开朗？为什么小姑娘喜欢听大叔讲他走南闯北的经历？除了讲话方式、对方地位等因素，更本质的原因是这些人说出的话知识密度极高。百度百科虽然部分解放了我们的大脑，但一个人在职业领域的钻研、走南闯北带来的见闻，以及经历过获得的切身感受所输出的深刻见解是极其宝贵的财富，能产生极高的知识输出。

而这应该是我们绝大多数人奋斗的目标：走出去看看世界，多读书了解时间的深度，勇攀高峰结识各领域的翘楚。

反馈能力

聊天、沟通、演讲都是交互的过程。不要再说做一个聆听者了，第一次见面，什么都不说，会给对方以不安全感；平时少言寡语，羞于表达情绪，哪来的亲密关系？反馈，就是对于其他人输出的反应。什么叫聊得来？就是有很积极的反馈。

比如，有朋友说，他找对象的标准就是聊得来。但你一直不怎么说话，女生表达了好多情绪，暗中邀约你都视而不见，怎么能聊得来？

这是生活，我们要说话，要好好说话，要说好久的话。

男性、女性在标签下的个体差异更为显著。无论是男生还是女生，都需要游刃于情绪与逻辑之间，只有这样才能更好地处理各种关系。

拥有个人魅力对普通人来讲依然是非常高的要求。在工作、学习、生活中，我们更看重的是能否拥有良好的人际关系，也就是好人缘。人缘，其实就是别人对你的态度。

回想身边那些拥有好人缘的人，有的风趣幽默、有的漂亮帅气、有的拥有一技之长、有的热心助人……这其实都在一定程度上满足了我们的需求，可能是感官上的，可能是情感上的，也可能是利益上的。可无论哪种好人缘，其实都是建立在拥有一定价值的基础上的。很多人会有一定的困惑：为什么自己为别人着想、替别人考虑、热心帮助别人却没有受到同样的欢迎？很现实地说，你所提供的帮助，在你看来价值很高，但可能并没有满足别人的需求，对他人来说并不具有价值。

进一步说，好人缘本质上还是基于对方对你的需求与期待，可以划分为付出型人缘与价值型人缘。所谓付出型人缘，是指你要通过一定的时间、财力上的付出才能维持良好的人际关系；所谓价值型人缘，是指你本身的财富、能力、资源对他人来说就有很大价值，即使没满足对方的需求，对方也依然保有期待，因此你会受到欢迎。

这个世界偏爱会说话的人，仔细回想起来，无论是陌生人还是朋友，那些会说话的人都会给人留下美好的回忆，进而赢得好人缘。

【推荐阅读】

《蔡康永的说话之道》，蔡康永著，沈阳出版社，2010，豆瓣评分 7.1 分。

《沟通的艺术：看入人里，看出人外》，[美] 罗纳德·B. 阿德勒、拉塞尔·F. 普罗科特著，黄素菲、李恩译，世界图书出版公司，2015，豆瓣评分 8.5 分。

《演讲的力量：如何让公众表达变成影响力》，[美] 克里斯·安德森著，蒋贤萍译，中信出版集团股份有限公司，2016，豆瓣评分 8.2 分。

07

做人有温度，做事有态度

　　每个人对美好的生活都充满了
想象，而拥有幸福的一生无疑是每
个人都渴望的。无论工作，还是生
活都可以通过努力变得更好。而用
成长性的心态看问题，接纳所有的
自己，正确地看待财富是你拥抱整
个世界的关键。

每个人都可以通过努力收获稳稳的幸福

——PERMA 理论与幸福坐标

幸福永远令人向往

2012 年，第 66 届联合国大会宣布将每年的 3 月 20 日定为"国际幸福日"。从人本主义角度出发，追求幸福一直是人的一项基本权利。每年的这一天联合国也会发布《世界幸福报告》，从经济实力、社会支持、预期寿命、选择自由等方面对全世界主要国家和地区的幸福感指数进行排名。幸福本是一个抽象的概念，极其个性化并且有多种维度，还会随着时间而变化，要想定义幸福真的是不容易。但联合国发布的评价指标却是有一定的说服力的，目前中国国民的幸福指数在 170 多个国家中排名中游，可喜的是排名还在不断上升。

幸福永远令人向往，很多人甚至一生都在苦苦追求幸福，却不知道幸福是什么。人生不如意事常八九，可与人言无二三。快乐的时间总是短暂的，世人大多都在想着如何排解苦难。大哲学家叔本华晚年在《人生的智慧》中写道："所有的幸福都是虚幻的，只有痛苦是真实的。智慧的人生不是追求幸福，而是减少痛苦。"

诺贝尔经济学奖获得者萨缪尔森甚至给出了幸福的方程式：幸福 = 效用 / 欲望。当一个人的欲望膨胀，现实又无法满足的时候，往往就是悲剧的开始。

传统的心理学一直以研究人性的黑暗、痛苦、脆弱的一面为主，包括抑郁症、精神分裂、创伤和痛苦等。直到美国著名心理学家马丁·塞利格曼开创了积极心理学派，研究如何让生命繁盛，让个体感知幸福，探讨人生的美好之处和使人生美好的有利条件，追求幸福才变得有章可循。

在生活中，人们往往将幸福当成一个个目标来追求：升职加薪是目标，实现了就是幸福；迎娶白富美，获得了美人的青睐就是幸福；饥肠辘辘，来一顿饕餮盛宴就是幸福。这在一定程度上混淆了幸福与快感。如何定义幸福，让生命呈现出一种饱满盛开的状态更值得深思。

有关幸福是什么的 PERMA 理论

马丁·塞利格曼教授在研究幸福是什么的时候提出了让人生繁盛的 PERMA 理论，这五个字母代表了五种元素，其中 P 代表积极情绪（positive emotion），E 代表投入（engagement），R 代表人际关系（relationship），M 代表意义（meaning），A 代表成就（accomplishment）。

图 7-1　PERMA 理论模型的五种元素

其中，积极情绪是影响人持久幸福感的最关键因素。积极、正面、乐观的态度让人身心处于愉悦状态，并且是建立良好人际关系的关键。积极乐观的人做事情也更愿意投入，对未来抱有希望，也有源源不断的动力。拥有积极情绪的人在遇到坏事时，会认为失败只是暂时的，每个失败都有原因，这不是自己的错，可能是环境、运气或者其他人为的后果；而拥有消极情绪的人相信遇见坏事都是因为自己的错，这些坏事会毁掉他的一生，影响会持续很久。

决定人拥有积极情绪还是消极情绪的一个很大原因是他的解释风格，也就是他是如何归因的。生活中遇到困难，自己觉得走到了死胡同，但是经过朋友或者师长的指点，换一个角度看问题又觉得豁然开朗，这正体现了归因对一个人情绪的影响。

而产生负面情绪的核心因素是无助感，潜意识里认为无论做什么事情都于事无补。负面情绪的解释风格有三个特点：永久性、普遍性和个人化。常常有负面情绪的人相信，发生在他们身上的坏事会永远影响他们的生活，认为自己做什么都不行，使得无助感会扩散到生活的各个层面，打击面百分之百。他们总是怪罪自己，把不是自己的过失看作自己的错。而拥有积极情绪的人正好相反，他们觉得坏事都是暂时的，是特定的原因造成的，这就限制了无助的持续时间和影响范围，而把好事归因为自己的人格特质等这些永久性因素。

无论是工作还是兴趣爱好，充分地参与其中往往会让人收获极强的幸福感。这种体验一般会在做自己擅长、喜欢，并能通过自身努力带给自己成就感的事情上获得，它包含愉快、兴趣、忘我等情绪，同时伴随着高度的兴奋感和充实感。心理学上称这种状态为"心流"。

投入感在很大程度上受到客观环境的影响，太艰巨的任务、太大的压力往往引起人的畏惧心理，太简单的事情又容易让人分心。在工作中，要不断为自己设立稍有难度的个人目标而不要仅仅局限在完成任务上；在生活中，培养一些兴趣爱好，并且尽量发展成自己的特长，既可以赢得赞誉，也更容易接触到高水平的同好者，在相互切磋中收获友谊，提高水平。

兴趣爱好也分为两种：生产型爱好与消耗型爱好。喜欢看电影，消耗的是时间，但看完电影写出影评就变成了生产型爱好。同样，听音乐是大家常有的爱好，但是在此基础上可以研究乐理知识，学会一门乐器也就变成了生产型爱好。在生活中，我们总是将兴趣爱好当成打发时间的寄托，图一时的感官刺激，没有设定一定的目标，处于一种游离状态，没了投入感，反倒没办法真正享受兴趣爱好带来的幸福感。

人际关系对人幸福感的影响是毋庸置疑的。人类是社会性动物，通过沟通进行交流、社交，而亲密关系、爱情更是会让人产生强烈的情感共鸣。无论在什么环境下，被同伴孤立都是一种令人不快的经历。良好的人际关系取决于联系的广度和深度：广度体现在与同事、同学、亲人、熟人等众多角色的社交互动上，一般以信息交换为主，很难触及内心的真实感受；深度体现在与自己的爱人、父母的交流上，是实现人生幸福感的关键。比如，与灵魂伴侣的互诉衷肠就是一种深度沟通。

我们的人生都需要一定的目的或者说意义。电子游戏既能给人带来愉悦感，又能让人有很高的投入度，但离开游戏却会让人有很强的空虚感，这正是因为游戏对人的现实生活缺乏足够的意义感。我们最常问的也是努力有什么意义，生活有什么意义，甚至幸福有什么意义。如果不能赋予生命中很多要面对的问题以意义感，我们就很容易陷入虚无感之中，丧失对生活的热爱。

如果从以边沁为代表的功利主义哲学角度来进行考虑，意义就是价值，你做的事情会有怎样的价值，这就是事物的意义。有价值的事情给人以正面的反馈，每走一步都能看到收获，也让人一步步地走向幸福。但在这种价值观衡量体系下，一个人难免会与他人进行对比：向上比会增加人的动力，但也让人焦虑；向下比容易让人滋生优越感，但也和幸福无关。在联合国的《世界幸福报告》中，中国一直处于中间水平。国人的幸福感不强，很大的一个原因是今天的中国依然处于激烈变革的时代，各个阶层依然有流动性，所有人的身份都在不断变化，在与其他人的比较中，难免心态失衡。

在高度市场化的社会中，金钱仿佛可以主宰一切事物，就连人的价值也能够用金钱来衡量。这种金钱至上的物质主义助长了不幸的发生。比如，物质主义者把获取金钱当成人生最大的目标，容易受到外力操控，对金钱的欲望永远不会满足；为钱工作的人只关心结果，缺少感受美好事物的能力，更容易变得焦虑；物质主义者往往会定出过高的财富标准，导致自我效能低下、缺少活力、不善于社交，容易变得消极。这样就会陷入一个恶性循环：过度追求物质不会幸福；抑郁会导致离群索居；疏远他人会感到更加孤独。

如果从以马斯洛为代表的人本主义角度出发，人最高层次的需求在于自我实现，强调自我赋予人生意义，不必按社会主流标准定义自己的生活。人生在世，最重要的不是积累财富和提升身份，而是作为个体，充分地去感知和认识世界。这在西方被认为是波希米亚式的生活方式：他们拒绝接受主流意见对失败的定义，无论社会怎么看他们，他们都能看到自己的价值，这也就解决了身份焦虑的问题。西方发展经验也表明，当经济发展到一定程度后，精神生活比物质生活更为重要。对于个体也是一样，当物质有了基本保障之后，更多的钱并不能带来更多的幸福感。

成就感是愿望与现实达到平衡的一种状态。人的幸福感很大程度上是建立在一次次愿望达成之上的。怀抱希望让人对未来充满期待。生活中，在等快递的日子里都能体会到一种小确幸。我们对未来总是缺乏预见性，高估自己的能力，忽视可能出现的问题，错误地估计完成目标所需的时间，最后造成了愿望与现实的巨大落差。这是造成幸福感缺失的重要原因。除此之外，我们看到的和我们能做到的是有差距的，尤其是别人取得的成绩，看似简单，其实别有洞天。如果不能管理好自己的期望值，结果出现时带来的失望感常常是难以消化的。

为了避免这种状态，有的人甚至会放弃或者会最大限度地减少对未来的期许，把随时而来的收获当成意外惊喜，反倒提升了幸福感。安德烈·纪德在《人间食粮》中的一句"我生活在妙不可言的等待中，等待随便哪种未来"就引起了很多人的强烈共鸣。

控制期望值是可以通过反复复盘、正确地看待自己的能力、合理评估环境影响因素以及任务难度获得的。设立合理的目标，从而收获成就感是获得持久幸福的重要途径。

定义幸福坐标，衡量自己的现状

　　在追求幸福的路上，很多人找不到正确的努力方向。基于马丁·塞利格曼教授的 PERMA 理论，我们可以对自己的人生幸福坐标进行定义，如从以下十个角度来衡量我们的幸福现状。当然，你也可以根据自己的情况，选取其他因素。

- 财务状况
- 职业状态
- 健康程度
- 生活趣味
- 环境
- 社区氛围
- 亲友关系
- 伴侣关系
- 成长性
- 安全感

　　在这些方面，对自己进行一个满意度评价，你就可以得出自己的幸福指数了。而且，你也可以由此找到自己对生活不满意的地方，努力去改变。

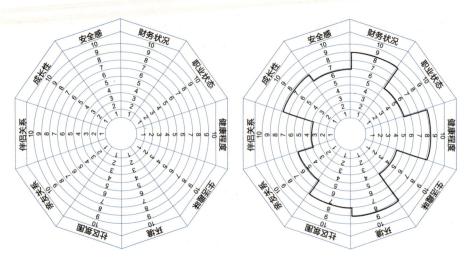

图 7-2　幸福雷达

在电影《阿甘正传》里面有一句感人的台词，"生活就像一盒巧克力，你永远不知道你会得到什么"，在追求幸福的路上，有得也有失，希望你能如愿以偿。

【推荐阅读】

《真实的幸福》，[美]马丁·塞利格曼著，洪兰译，万卷出版公司，2010，豆瓣评分 8.2 分。

《哈佛幸福课》，[美]丹尼尔·吉尔伯特著，张岩、时宏译，中信出版社，2011，豆瓣评分 7.7 分。

《幸福的流失》，[美]罗伯特·莱恩著，苏彤、李晓庆译，世界图书出版公司，2017，豆瓣评分 7.3 分。

接纳所有的自己才能拥抱整个世界

——英雄之旅、自尊与接纳自我

每个人的英雄之旅——追寻自我

从小到大，我们听过很多神话故事，看过很多好莱坞英雄大片，读过很多传奇小说。看得多了，不知道你有没有注意到有关英雄的故事都是有套路的。20 世纪伟大的比较神话学大师约瑟夫·坎贝尔比较了世界上众多文化中的神话传说，将这些故事概括成了有十二个环节的"英雄之旅"，这深刻影响了西方流行文化的发展。其中，受坎贝尔影响最深刻的是一批电影编剧和制作人，包括斯皮尔伯格、米勒和乔治·卢卡斯等。作为《星球大战》的导演，乔治·卢卡斯说他曾经遇到了创作的瓶颈，不清楚自己想做些什么，写了很多版草稿都找不到感觉，很长时间都在兜圈子，直到有一次他无意中看到了坎贝尔的著作，一下子就有了创作的灵感。

虽然坎贝尔总结的是神话故事中英雄人物的成长历程，但因为其具有个体成长的共性，所以才经久不衰。普通人的一生也正是不断了解自我、探索真我的过程。"真我"不仅仅是"自我"，它还包含了"自我"以外的所有可能性。一个人紧抓住"自我"不放时，就只是在抓住过去，对自己的所有了解都来自已经发生的事，而"真我"则包含了未来的所有可能性。一个人一旦找到了

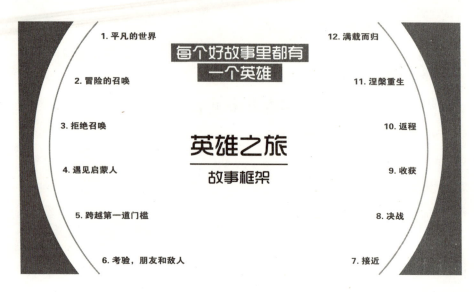

图7-3 英雄之旅

"真我",便找到了生活的重心,就可以创造出属于自己的独特体验,并给自己带来强大的生活力量。

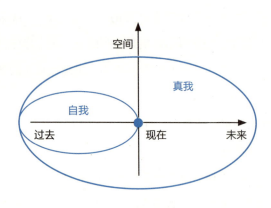

图7-4 自我与真我

硬功夫 助你精进的八大硬核技能 |

在人的认知体系里，有表象认知与核心认知之分。比如，孩子应该自己打扫房间锻炼自己的独立能力，工作对自己很重要应该认真对待。这些想法很自然地指导着你的日常行为习惯，往往不假思索。但追根溯源，这些表象认知都是你对自我、他人与世界的核心认知的产物。而对自我的认知又处于核心认知的核心。**可以说，一个人处理不好与自己的关系，就没办法收获蓬勃有力的生命。**

自我概念的形成是一个人通过经验、反省和他人的反馈，逐步加深对自身了解的过程。

其中，童年时接触的人对一个人的自我概念形成有比较大的影响，尤其是童年时的一些重要人物，如父母、亲人、老师、好朋友等。青春期受到同侪的接纳或排挤也会对自我概念的发展产生重大影响。一般来说，一个人到了大学才开始作为独立个体探索真正的自我。大多数人到30岁以后自我概念就不会发生戏剧性的改变，除非经由诸如心理治疗之类刻意的努力。

童年时父母对自己的需求缺少回应，经常将自己与"别人家的孩子"进行比较，在学校被认为是"差生"等都极其容易造成人在自我价值评价上的低价值感。那些娇生惯养的"小公主""小王子"，一直被夸奖的孩子往往也容易形成以自我为中心的认知偏差，缺少对他人的同理心。

童年能接收到高质量的爱，青春期又可以获得长辈和同侪们的充分认可，进而形成较为准确的自我价值感是一件非常幸运的事。很多人要走许多弯路，经过更多的洗礼才会对自己有正确的认知。尤其是如果童年缺少来自父母的爱的话，则往往需要更高质量的爱来弥补。值得庆幸的是，童年的遭遇，甚至是创伤，对人的影响并没有我们想象中的那么大，成年之后的很多人格特质依然是可以发生改变的。

高自尊的正向循环与低自尊的负向循环

自尊是自我概念的一部分，是对自我价值的评估。自尊的高低决定了我们是如何看待自我的，如"我很喜欢我是安静的"或是"我的安静使我觉得尴尬"。高自尊者在看待问题时往往有正向循环，低自尊者往往有负向循环。

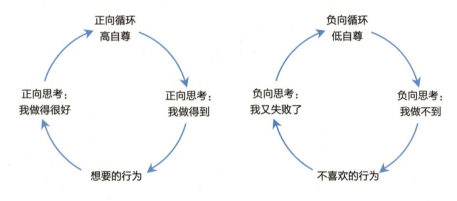

图 7-5　自尊和行为的关系

　　那些不喜欢自己的人有很大可能也会觉得其他人不喜欢自己。并且，他们会猜想别人会不断地用批判的眼光看待他们，这进一步加强了他们对自我的负面认知，最终形成了有明显敌意的行为举止。他们也倾向于通过打击、蔑视别人来获得良好的自我感觉。从高自尊者与低自尊者的特征，我们可以明显看到，高自尊的人更受欢迎。我们可以反思一下，自己的行为是否陷入了低自尊者式的负向循环呢？

　　我们必须要诚实地面对当下的自我。这个真实的自我是社会的自我、内心的自我与理想的自我的自洽。这三者的重合度越高，我们就越接近最真实的自我。很多时候，我们无法接纳真实的自我是因为我们放大了"问题"所带来的负面影响，尤其是那些我们认为无法改变或者很难改变的部分。

高自尊的人

1. 容易去赞赏别人

2. 认为自己会被别人所接受

3. 比起低自尊者，对自己的表现持有较为正面的评价

4. 被注视时，可以表现得很好，不害怕别人的反应

5. 愿意为持有高标准、有高要求的人努力工作

6. 与他们觉得优秀的人相处，感觉舒服自在

7. 可以为自己挺身而出，去对抗别人的负面评论

低自尊的人

1. 容易去否定别人

2. 认为自己会被别人所拒绝

3. 比起高自尊者，对自己的表现持有较为负面的评价

4. 当被注视时，会表现得不好，并且对其他人的负面反应很敏感

5. 愿意为低标准、少评价的人努力工作

6. 与他们认为优秀的人相处，觉得有威胁感

7. 难以对抗其他人的负面评论，容易被影响

图 7-6 高自尊的人与低自尊的人比较

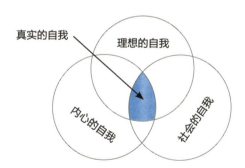

图 7-7 真实的自我

改变你所能改变的，坦然接受你不能改变的。尤其对于生命中的缺憾与不完美，要以更积极的心态去看待它。比如，童年创伤并不是让你无法做出改变的决定性因素。很多成年人一旦开始审视自身的问题，想要做出改变时，就往往会回顾自己的童年，并把如今的不幸怪罪于童年的遭遇。科学研究证明，除了基因，童年对人的影响根本没有这么大，甚至可以说，童年的创伤和教养方式对成年后生活的影响非常小。

我们不是自己经历的奴隶，既然已经成为过去，就不要再纠缠着不放而错过了明天更好的自己。有时，你不断为自己的行为和判断寻找支持的证据，不断加深证据层面的深度，所以才会在一个问题当中越陷越深，这在心理学上被称为"过度认同"。比如，开着蓝色小汽车的人在路上行驶更容易发现蓝色的车，怀孕的女士觉得身边怀孕的人更多了，都是这种心理在作祟。

接纳自我，拥抱世界

人本主义心理学家马斯洛在研究了那些自我实现了的人后，发现他们拥有一个共性，即拥有接纳的能力。有接纳能力的人可以用孩童一般的目光，不加批判地注意和观察人与事物原本的样貌。他们不容易被偏见所干扰，能对生活做出更合理、可行的规划。一个健康的人应该能做到接纳自己作为人类一员的天性，不为此懊恼或抱怨，"就像一个人不会抱怨水为什么是湿的，或石头为什么那么硬"。简单地说，就是"尽管我与众不同或是有缺陷，但我依然认可自己"。

接纳可以分为对自己的接纳（自我接纳）与对他人和外界的接纳。而自我接纳的能力会影响到我们对他人的接纳程度。无法自我接纳的人也很难接纳他人。无法自我接纳的人会对自己不满意的特质有诸多挑剔，也就更容易注意到别人身上与自己一样的"问题"。如果你发现你总是讨厌别人身上的某种表现，那你很有可能得在自己身上找找类似的"问题"了。

在互联网和社交应用将所有人无比紧密地连接起来的世界，我们都面临着这个多元化世界的冲击。只有真正接纳所有的自己，我们才有勇气去拥抱整个世界。

【推荐阅读】

《英雄之旅：约瑟夫·坎贝尔亲述他的生活与工作》，[美]约瑟夫·坎贝尔著，黄珏苹译，浙江人民出版社，2017，豆瓣评分9.0分。

《认识自己，接纳自己》，[美]马丁·塞利格曼著，任俊译，万卷出版公司，2010，豆瓣评分7.6分。

《超越自卑》，[奥]阿尔弗雷德·阿德勒著，黄国光译，国际文化出版公司，2005，豆瓣评分8.2分。

如何处理好与财富的关系

—— 人性、目标与财务管理

财富与人性

理财是一门很深的学问。 如果要进行理财投资，那么，你除了要了解基本的经济、金融、行业知识，还要对人性有深刻的洞察。 理财也是毕生的事业，我们可能偶然一次撞大运收益颇丰，但是随着交易次数的增加，我们获得的收益将与所具有的理财知识成正比。

切忌以为自己是聪明绝顶的幸运儿。 1711 年，伟大的科学家牛顿在股市亏了 2 万英镑，相当于自己 10 年的工资，以至牛顿感慨地说："我能计算出天体运行的轨迹，却难以预料到人们的疯狂。"

中国一直是一个人情社会，在绝大多数人的潜意识里，一谈钱就会觉得伤感情。 中国大部分地区的人一提到 AA 制还觉得不习惯。 传统的儒家哲学也一直提倡安贫乐道。 改革开放后，市场化经济打破了上一代人对金钱的认知，人们又开始追求多赚钱。 这都使得大部分人没能树立起正确的金钱观。

人的一生都是在用有限的资源去做尽可能多的事情。 在一生当中，很少有人能实现财富自由，年纪轻轻就实现的更是凤毛麟角。

对许多人来说，对知识与财富的追求、对权力与利益的追求，甚至对卓越与不朽的追求都是没有止境的。

许多人眼里的财务自由是无限制的挥霍。可实际上，财务自由有着丰富的道德内涵，与生活方式有着很大的相关性。不过有些生活方式与实现财务自由是不能并存的，财务自由鼓励节俭、自尊的生活方式，要求储蓄，排斥奢侈浪费。追求财务自由，还必须审慎、执着、不断努力，放弃眼前的享受，耐心坚守到甜美果实的成熟。

制订财富目标

很多人觉得，制订目标会是一件很简单的事情，那是因为你从来没有对目标进行过拆解。就比如你想过上财务自由的日子，那么你想要的财务自由需要多少被动收入呢？你要什么时候达到呢？要在这个时间节点达到这个目标，在几年或者每一年你要达到什么样的状态呢？

假设你 25 岁，在 15 年后，也就是 40 岁的时候，在一座二线城市住着 150 平方米的价值 300 万元的大房子，有一辆 30 万元左右的好车，每年被动收入有 30 万元，用来满足自己的生活。排除通货膨胀和货币的时间价值，假设你的年投资回报率可以稳定在 10%，那么你要在这 15 年挣够 630 万元，每年至少需要结余收入 42 万元。

这只是一道很简单的数学题，实际的生活要复杂得多。你会经历事业的起步、发展和高潮，也有自己的家庭、孩子和老人要养。很多事情不可预测。

事实上，在一个商业社会，你的财务目标与你的人生目标是息息相关的。在你没有明确的人生目标、没有实际进行过理财操作时，无论你的长期目标还是短期目标，都可能是不切实际的。只有在实践中、发展变化中不断调整的目标才会是最合理的目标。如果要让理财目标合理，最好的方法就是去实践。

每个人对财富的感知是不一样的，这取决于你既有的资产和持续赚钱的能力。受限于中国曾经的独生子女政策，80 后、90 后一代普遍是独生子女。很多年轻人混淆了自己的财富与家庭的财富的区别，很多父母也同样持有"我的钱将来都是孩子的"这种观点。社会上，很多年轻人用一家三代的钱去供一套一线城市的房子这样的现象也是屡见不鲜。而中国的发展又是不平衡的，几次大规模的房价动荡造成了各个城市的房价出现差别。一线城市有的房子房价达到十几万元每平方米，而很多四、五线城市5000元每平方米的房子就可能是非常不错的了。尤其对工薪阶层来说，房产占他们资产的绝大部分。还有太多的其他因素使我们对钱的感知不一样。

年轻人的普遍理想化，在一定程度上就是因为自己还没有独立赚钱养活自己，既不知道自己在社会上的赚钱能力，也不知道解决问题的代价，而等到步入社会，又因为理想与现实的巨大差距，瞬间放弃了理想。很多人也抱着投机取巧、一劳永逸的态度，希望走捷径实现逆袭。历史经验表明，即使有捷径，走的人多了也会变成拥挤的独木桥，况且很多捷径本身只是诱饵，总会有人上当受骗。因此在对待财富上，我们必须要有独立思考和理性判断的能力。

财务管理从最简单的记账开始

财富是需要积累和传承的。要想达到一定的财富目标无非是开源和节流两个方面。而其中要有记账的习惯，才能清楚地知道自己的钱的来源和去向。科学的理财规划需要定量分析，记账是清楚地了解你的资金来源与去处的最有力的工具。

记账最大的好处是可以让个人的生活质量呈现可控的状态。随着每个月收入的变化，结合自己的日常支出，清楚地知道哪些消费可以增加，哪些可以适当减少；也不会出现月初生活如王子，月末借钱如乞丐的状态。

记账也是抵抗过度信用消费的利器。当你记下每一笔消费或支出的时候，你每次的决策都会变得慎重。你也可以通过历史数据的回顾，调整自己的消费习惯。

当你的理财变得更为复杂的时候，记账就成了一件非常有必要的事，否则到了年底，你连自己的投资收益情况都算不清，没有任何评价指标，就会让所有事情乱得像一锅粥。

当你记账的时候，可以将支出分成三类：投资类、消费类和投机类。一个人年轻时更应该关注对自己的投资，一切有可能提高自己、实现自我成长、有利于获得未来增值的，都可以是投资类。这可能是买一本书、请一位职场前辈吃饭等，千万不要局限在消费与支出的数字上。很多持保守观点的人总是把投资看得更重一些（认为投资，寻找价值低谷，获得未来长期收益才是正道），刻意回避投机，认为参与短期的市场博弈是歧途。其实，大部分用来投资是正确的，但人也一定要保留一部分资金用于抓住转瞬即逝的机遇。

对待财富往往涉及更深层次的人性，我们必须对抗恐惧、贪婪、短视、从众、情绪化等众多人性弱点。也许，我们这一代年轻人需要更长的时间来处理与财富的关系。

【推荐阅读】

《投资哲学：保守主义的智慧之灯》，刘军宁著，中信出版社，2013，豆瓣评分7.1分。

《巴菲特之道》，[美]罗伯特·哈格斯特朗著，杨天南译，机械工业出版社，2015，豆瓣评分8.5分。

《就这样理财就这样生活》，汪标著，上海远东出版社，2014，豆瓣评分7.6分。

爱情让这个世界温柔可爱

——匹配理论、爱情三元论与爱情四阶段

爱情是一场匹配游戏

爱情是看似人人都会经历的小事，却藏着最深刻的人性。就像每个人的价值观都有不同，爱情观也是千差万别。有的人感性一点，希望意中人是一位盖世英雄，"有一天他会踩着七色云彩来娶我"；有的人理性一点，觉得爱情就是一场精确的匹配游戏，最重要的就是旗鼓相当。

麻省理工学院经济学教授丹·艾瑞里在《怪诞行为学》里提到过一个男女配对实验：他找来100名青年，男女各半，然后在他们后背贴上1到100的数字，男生贴单数，女生贴双数。实验要求找一个异性配对，配对成功后，可以得到两人数字之和乘以10的奖金。但有两个限制条件：1. 自己不能偷看自己的数字；2. 不能把对方的数字告诉对方。

大家猜猜配对的结果是怎样的。

结果1：数字越大的人，追TA的异性就越多。数字越小，就越遭人嫌弃。

结果2：本来已配对成功的人，看见更高数字的异性后，便会舍弃现在的对象去追求那个异性。

结果3：绝大多数人最后配对成功的对象，其数字都非常接近自己的数字。

根据这三个实验结果，艾瑞里得出三个结论：1.越是实力相当，男女关系越稳定；2.只要实力出现大的差距，男女关系便开始走向不稳定；3.稳定的关系是强者对强者的欣赏，而不是强者对弱者的同情。

人的价值没办法也不应该用精确的数字来衡量，但在趋利避害的人性深处，总是期待找到更满意的配偶。最开始，我们会追求那些我们配不上的人，直到不断尝试后，我们知道了自己在生活中的位置，会更倾向于去找与自己旗鼓相当的人。同征择偶指的正是生物在寻找同伴（包括性伴）时趋向于寻找和自己基因特征或表征相似的对象，这种相似包括但不限于体形、肤色和年龄等。人类的同征择偶不仅表现在伴侣之间基因更相近，也表现在伴侣之间会有相似的教育水平、社会经济地位、种族、文化背景和人格特征等。

爱情是长久的互动过程，和一个你 10 分满意的人恋爱是很累的，7 分满意才是最幸福的，可总有人要去计较那 3 分的缺点与遗憾。

爱情三元论

美国著名心理学家罗伯特·斯腾伯格提出爱情三元论，认为真正的爱情就像三角形一样，是由三条边组成的，缺一不可。这三条边分别是亲密、激情和承诺：亲密包括热情、理解、交流、支持及分享等特征；激情以身体的欲望激起为特征，其表现形式常常是对性的渴望，但其实，从伴侣处得到满足的任何强烈的情感都属于这一类别；承诺包括将自己投身于一份感情的决定及维持感情的努力。在本质上，亲密是情感性的，激情是动机性的，而承诺主要是认知性的。

现实中的感情常常不是三个元素都具备，有的关系一个元素都没有，有的关系有其中的两个元素。虽然元素间不同的组合形式会表现出不同的爱情类型，但只有三个元素都具备，两个人才可能拥有更完美的爱情。如果感情出现问题，也可以尝试从这三个方面进行修复。

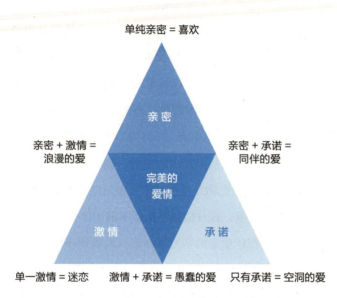

图 7-8　罗伯特·斯腾伯格爱情三角形理论

那么，是什么让男女之间有了恋爱的冲动呢？这还要回归人的根本需求。美好的事情谁不想要？爱情是一个特别有趣的话题，它伴随着整个人类的发展史。美好的爱情应该是人生，乃至人类历史长河中最幸福的事情了。所以，各种为精神世界服务的文化作品，如电影、流行音乐、畅销小说大多都是围绕爱情这一主题展开的，甚至秋刀鱼都有初恋的滋味。

可是在商业非常发达的现代社会，商品和服务异常丰富，个体通过陌生人之间的分工协作体系就可以享受到高质量的生活。如果两个人在一起的时间没有变得更快乐，那么真就还不如单着。

在爱情中，男生往往扮演着追求者的角色，更容易受到外在形象的吸引；女生因为面临着抚育后代的长久付出，更看重安全感，扮演着筛选者的角色，看着在爱情追逐赛上的男生们，女生更倾向于选择实力最强的男生。但在实际生活中，每个人的需求又不完全相同，物质基础好的想找到灵魂伴侣，这就触及了人的基本需求层次，按马斯洛的需求层次理论来看，人们总是倾向于选择自己缺少的特质。

这也就决定了在生活中，虽然你会接触到很多异性，但绝不会见一个就爱一个，因为大部分人并不能满足你的择偶需求。很多人愿意说，找到一个合适的人就好，可"合适"二字本身就是对众多条件的比较，只不过在公开场合，择偶观这种私密性的问题并不适合进行讨论。就像我们不能站在道德高地批判别人一样，择偶观也是基于需求的价值观，要尊重每个人的选择。

爱情四阶段

　　有的人爱上一个人比较容易，有的人爱上一个人会比较困难。这和个体设置的门槛与筛选机制有关。爱情从开始到结束可以分为四个阶段：自由阶段，交往阶段，长期相处阶段和结束阶段。

　　在自由阶段，大家有机会接触，可能是熟人介绍、可能是聚会上的偶遇。除非万众瞩目的大众偶像，绝大部分人是需要较长时间接触的，产生一定的亲密感与信任度才能开始更进一步的关系。

　　在交往阶段，男性更为冲动，女性会稍微慢一点。当你已经引起了异性的注意，对方会以更严格的标准来考查你。毕竟爱情是亲密关系，甚至可能要长相厮守，当然区别于普通朋友关系。作为追求者一定要展现自己最优秀的一面才有可能通过筛选，但又要做真实的自己，这样才不会在交往阶段有较大的心理落差，造成关系的不稳定。

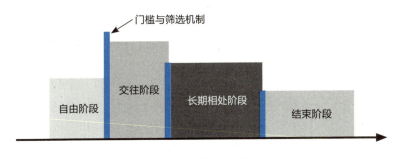

图 7-9　爱情的四个阶段

而在长期相处阶段，有必要了解彼此适应的相处模式。社会学家布伦南提出的依附理论指出，早期依附体验会严重影响成年人维系亲密关系的方式。成年人的依恋风格分为安全型、回避型和焦虑型三大类。安全型的人善于表达感情，享受与伴侣间的亲密关系；回避型的人重视独立，会与伴侣保持一定距离；焦虑型的人很敏感，缺乏安全感，希望伴侣给予自己强烈的爱的回应。

虽然爱情总伴随着长相厮守、海誓山盟的承诺，但是分手也是常有的事情。当然也可能通过婚姻的形式进一步延长。进入结束阶段后，人的心理变化则和得癌症即将死亡时的心理变化很相似：先是不接受，然后生气、挽回、沮丧，最后是接受。当你回忆起一段关系的时候不再感到悲伤，也没有其他懊恼情绪，这段关系才算是真正结束了。

爱情是一面镜子，可以看清更真实的自我，在亲密关系中找到自己的真正需求。爱也是一种能力，在爱情中我们设身处地地为他人着想，学会去爱他人。爱情也需要经营，一份好的爱情需要双方共同努力。情侣双方要像钻石一样，都有自己完整独立的样子，有自己一个最大的切面。双方追求的是自己的切面和对方的切面最大限度的契合，两个人是合为一体的，但又是互相独立的。

问世间，情为何物，直教生死相许？爱情最幸福、最痛苦，又最令人难忘。如果有人在感情中少了挫折和遗憾，那一定是因为在爱的时候，留住了爱；在可以珍惜的时候，学会了珍惜。愿你终得一人心，白首不相离。

【推荐阅读】

《傲慢与偏见》，[英]简·奥斯汀著，张玲、张扬译，人民文学出版社，1993，豆瓣评分 8.8 分。

《爱情社会学》，孙中兴著，人民出版社，2017，豆瓣评分 8.2 分。

《亲密关系》，[美]莎伦·布雷姆等著，郭辉等译，人民邮电出版社，2005，豆瓣评分 8.7 分。

幸福婚姻的秘密

——婚姻性质的演变、男女思维差异与沟通模式

婚姻性质的演变

婚姻是一座围城，城外的人想进去，城里的人想出来。即使没有读过钱锺书的《围城》，我们也会知道这句话，这句话不知道说到多少人的心坎里去了。2018 年，中国的离婚率达到了 39%，与此同时，对单身女士的调查又显示，有 90% 的人想结婚（珍爱网《2018 单身女性调查报告》）。没结婚的被老人们催婚，结了婚的又想着逃离，生活中总是演绎着这样狗血的剧情。

中国人一直有着很重的家庭观。在中国人的传统价值观里，没能组建家庭就不是完满的人生。

可在现代快节奏的社会下，年轻人追求独立与自由，都市中的男女追求精神上的契合，向往西方社会的小家庭模式。现实婚姻又不得不考虑到家庭、经济、个人发展、孩子等众多因素。即使对当代年轻人来说，中国式婚姻也意味着两个家庭的结合。这些矛盾本身就很难调和。

结婚对中国的年轻人来说，有着非比寻常的意义。经营婚姻并不会比你工作轻松多少。婚姻是恋爱的延续，没有爱的婚姻无法长久。爱是婚姻的一部分，没有做好充足的准备便进入婚姻，再美好的爱情也会夭折。

婚姻的真实性就在于，你要与一个人朝夕与共。恋人相处时，你们可以不理人间烟火，现在却要柴米油盐酱醋茶面面俱到。以前可以自由自在地和各种朋友玩闹嬉戏，现在你是有家庭要照顾的；以前恋爱只是你们两个人的事，现在还有双方的老人和亲属。

中国人特别重视家庭。人生七八十年，比你想象的要漫长得多。在这样漫长的时光里，不遇到任何变故是不可能的。一个讲道德、有感情的婚姻，就像港湾里下了锚的船，不管多大的浪头打来，都不会倾覆。

时间的单向性决定了人生没有后悔药可吃，你嫁的那个人不一定是你最爱的，也未必是最好的，但一定是在那个时间节点你觉得最合适的。中国传统婚姻观一直讲究门当户对，但考虑更多的只是原生家庭和对象的物质基础，对精神上的门当户对重视较少。很多人忽视的正是婚姻的变化性、个人的成长性以及可能遇到的困难。

美国社会学家对婚姻的调查显示，美国社会的婚姻性质已经实现从传统的制度性婚姻向伴侣式婚姻和个人成长式婚姻的转变。中国新一代的年轻人也同样看重婚姻中伴侣的互补与陪伴，婚姻也成了自我价值实现的一部分。在传统的婚姻观下，牺牲自己成就对方，或者严格的男主外、女主内的分工模式都不是当代年轻人想要的。每个人都是一个完整的自己，实现自我价值是个人成长式婚姻的特征。

图 7-10　婚姻性质的演变

面对婚姻中出现的变化，是否具有成长心态至关重要。固定心态和成长心态是人的核心信念的体现，不要妄图在婚姻中改变一个人的核心信念。现在很多女生在找男友的时候都说自己喜欢能和自己一同成长的人，就是对成长心态的认同。

持有固定心态的人往往认为事物是一成不变的，任何事情，合适就是合适，不合适就是不合适。他们往往持有宿命信念，认为伴侣要么是天造地设的一对，婚姻生活注定美满，要么不是冤家不聚头，婚姻生活注定痛苦悲惨。在婚姻中遇到问题，他们也不愿意通过努力去改变。

持有成长心态的人认为事物是可以改变的，任何事情，合适不合适更多地取决于个人努力。他们往往持有成长信念，认为幸福的亲密关系是努力和付出的回报，如果和伴侣一起努力克服困难、战胜挑战，良性的亲密关系就能逐渐建立起来。

因此，在恋爱时发生冲突，固定心态的人会想：我们发生冲突，肯定是因为我们不合适。对他们来说，最重要的努力来自追求的过程，一旦把对方追到手，努力就结束了。

而同样面临冲突，成长心态的人会想：虽然我们发生冲突，但是我们可以想办法去解决，我们依然可以拥有幸福的婚姻。对他们来说，把对方追到手并不意味着努力的结束，而恰恰是真正努力的开始。他们会把大部分精力投入提高并促进感情而不是寻找新的感情上。

婚姻是人生的里程碑，但背后还有长期的生活，幸福婚姻的本质就是要学会积极应对变化，对婚姻不断地进行情感投入，并精心经营。婚姻不可能一帆风顺，但也恰恰是这些坎坷和变化为幸福婚姻的发展提供了无限的潜力。可以说，幸福婚姻是需要用成长心态去经营的。

男女的思维差异

我们的伴侣是我们一生中最为亲密的伙伴。我们18岁出门读书离开原生家庭，我们的孩子也几乎会在同样的年龄离开我们去外面更大的世界闯荡，在这个世界上，我们的另一半将在很大概率上是陪伴我们时间最长的人。有的人以为，迎合对方、压抑自己的需求，当伴侣感觉到以后，就会给予更大的奖赏。

其实，这种想法是错误的，因为人不可能长期压抑自己的需求，一旦不满足就会有很大的不满，长此以往特别容易形成恶性循环。要想在婚姻里做到互相理解，前提就是做真实的自我，正视自己的需求，而这也是沟通成本最低的方式。

男女的差异是客观存在的。女人思考问题偏感性，而男人则偏理性。在婚姻生活中经常会出现这种情况：我想说的和你听到的不一致，你所理解的也根本不是我要表达的意思。夫妻之间沟通不顺畅并不是因为他们没有办法正常交流，而是因为他们习惯站在自己的角度看问题，且不愿意向对方袒露心声。当猜不透对方的心思时，他们就展开了激烈的争吵。男人在面对问题时，往往会选择压抑和逃避，把细腻的情感藏在心里，让自己看起来像个男子汉；而女人在面对问题时，则会通过倾诉或者发泄的方式来释放自己的情绪，以获得别人的关注。

面对男女差异，我们要学会尊重双方的不同，引导对方合理表达情绪。女人习惯直接表达自己的情绪，而男人则倾向于把自己的情绪转移到对外界事物的评判上。作为妻子，当另一半开始通过评论客观事实来表达情绪时，只需要点头赞同，然后转移话题就好；作为丈夫，则要在妻子表达情绪时理解她、呼应她。

学会换位思考，把对方当成朋友。男人极力隐藏自己柔弱一面的特点，决定了男人在争吵时倾向于选择沉默。所以，作为妻子，吵架的时候要多想想，丈夫不说并不是默认，只是想避免引起更大的冲突；而作为丈夫则要明白，不管妻子做什么，都是希望能够得到你的注意。

婚姻中积极建设性的沟通模式

在双方的沟通上，要有积极建设性的回应。人真正想要的回应是什么？当然是我快乐的时候和你分享我的快乐，我想看到你真心为我高兴，而不是漠不关心或者泼冷水；我难过的时候想让你分担我的忧伤焦虑，理性的分析也可以，感性的安慰也可以，哪怕仅仅是一个拥抱，都可以让我感觉到自己并不孤单。

人在本质上当然是孤独的，对分享有着天然的需求，可是在很多亲密关系里面我们感到孤独，是因为得不到想要的回应，更糟的是，可能连回应都没有。回应的方式可以分为以下四种：

积极回应：指对你的消息进行积极反馈，而不是冷淡和漠不关心。

消极回应：对你分享的消息漠不关心。

建设性回应：正面且鼓励性地回应你的消息，让你更加自信。

非建设性回应：负面且打击性地回应你的消息，让你更加气馁。

回应的类型按照最重要的是否具有积极性与是否具有建设性可以分为四类，如你工作上遇到什么困难想告诉爱人和他（她）分享，可能会得到以下四种回应：

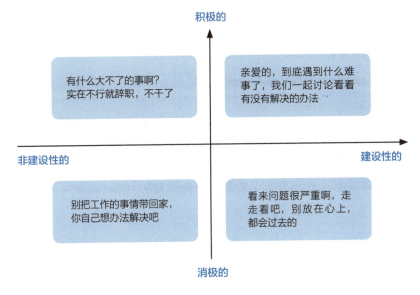

图 7-11　沟通回应的四种类型

在传统的中国家庭长大的孩子，应该都有着比较相似的感受，在我们的成长经历中，得到的积极建设性回应非常少。你考试考砸了，可能会挨一顿揍。你考试考了第一名，父母可能也是忧心忡忡地警告你：不要骄傲，要继续努力保持。你内心真正的渴望和恐惧、你的快乐和悲伤，不允许被表达，即使表达了也得不到想要的回应。

也许我们在原生家庭里都受尽了被打击、被忽视的折磨，思维和行为方式无法彻底消除原生家庭的影响，但是一个人在成年之后，要学会自省和成长。如果你已经30岁了，还把负面思想和行为归罪于原生家庭父母的影响，这无疑是不理智的，也是一种逃避和不负责任。

请一定要相信，通过后天的成长，我们可以变成更好的人——更快乐、自信的人，也是能给别人带来爱和欢乐的人。一个人如果处理不好与父母、爱人、孩子等的亲密关系，在关系里得不到爱与滋养，那么即使他在事业上再成功，也不会幸福。

人的情感错综复杂，但是爱和真诚一定可以打动别人，这也是每个人都需要的。在任何关系里，积极建设性的回应都很重要。

用成长心态去经营爱，用积极建设性的沟通去增进彼此的了解，这是笔者所知道的最真实的幸福婚姻的秘密。

【推荐阅读】

《幸福的婚姻：男人与女人的长期相处之道》，[美]约翰·戈特曼、娜恩·西尔弗著，刘小敏译，浙江人民出版社，2014，豆瓣评分8.4分。

《为何爱会伤人》，武志红著，北京联合出版公司，2012，豆瓣评分8.2分。

《围城》，钱锺书著，人民文学出版社，1991，豆瓣评分8.9分。

08

守护好支撑自己走向远方的
精神世界

年轻时我们总以为自己拥有很多时间，未来有无限可能，但实际上要想在任何一个领域里脱颖而出都需要付出极大的努力，我们不可能什么都得到。在追求梦想的路上，我们并不是一个人在战斗，还有很多爱我们的人在默默陪伴着我们。

年轻有很多可能性，但你不能什么都想要

——胸怀梦想，脚踏实地

胸怀梦想，脚踏实地

23岁那年，他大学刚刚毕业，毕业就失业，还是朋友帮忙，才在瑞士找到了一个专利审查员的工作，结婚生子，过着平常人的日子。26岁那年，他先后发表了两篇改写近代物理史的论文，解释了光电效应，并提出了狭义相对论。今天，每个人都知道他的大名——爱因斯坦。

24岁大学毕业后，他就进入钢铁厂工作，在一线生产线上，每天热火朝天，非常辛苦。这一干就是十年，他觉得自己应该有更大的作为，便辞职下海来到深圳。后来，他曾一度问鼎中国首富，他就是恒大集团董事局主席许家印。

29岁那年，在观看一场棒球赛的时候，他突然觉得自己应该去写小说试试，回家之后他就动起笔来，没想到第一部小说《且听风吟》就让他获得了群像新人文学奖，他就是村上春树。

每一位胸怀梦想、脚踏实地、不断努力的年轻人都不应该被低估。今天的

这个世界因为科技的快速发展而越发多样化，人工智能、虚拟现实、基因编辑、新能源技术、无人驾驶车辆都将重塑未来世界。自工业革命以来，科技的发展一直呈现出加速进步的态式，每一次新的技术出现所创造的价值都是倍数增长，每一次技术革命又会使新的产业诞生，而这每一次也都给年轻人带来了新的机会。现在中国刚好处于国势上升期，深度参与到了世界的变革浪潮中，中国的年轻人也有了成为时代弄潮儿的可能。

2013 年，联合国世界卫生组织确定新的年龄分段，44 岁以下划分为青年人。在近几年的创业浪潮当中，很多也都是 40 岁左右的大叔们，他们的创业成功率也更高。

70 后大叔罗振宇在 2012 年年底开始做知识型脱口秀节目《罗辑思维》时已经 41 岁。短短几年内，他就积累了两千多万用户，成为自媒体创业浪潮中最具有代表性，也最为成功的一个。

1968 年出生的秦朔是上海东方传媒集团有限公司前副总裁，他 2015 年开始做自媒体，其打造的"秦朔朋友圈"也聚集了大量的粉丝。

风口来了，要保持初心去战斗。

这个时代赋予了我们太多的机会，加上互联网的传播效应，我们每天都能听到造富神话。可真要自己去做事情时却发现，能看到的路，都挤满了人。竞争是残酷的，光芒万丈的幸存者背后倒下的是成千上万的陪跑者。历史总是惊人的相似：2011 年团购网站兴起，一时间国内成立了 5000 多家团购网站，最后只剩下两三家；2017 年共享单车风靡大街小巷，几百家企业如雨后春笋般在全国各地出现，最后仅有数家存活下来；2018 年比特币声名鹊起，类似的虚拟币公司出现了几百家，很快被国家明令禁止。新事物、新技术、新模式从产生到传播普及是需要一段时间的，当大众都知道的时候，你再去参与竞争已经晚了。

区域差异、行业差别客观存在

进入 21 世纪的头 20 年，基础科学领域并没有出现明显的突破。我们对宏观宇宙、微观粒子的认知，对暗物质的了解，对生命科学的研究都处于徘徊不前的状态。这一次的变革，准确地说是技术革命，主要集中在了电子信息领域，并且正在逐渐对各个行业进行电子信息化的改造。电子信息行业对人才素质要求高，边际效应几乎为零，产生了更剧烈的马太效应，以至中国只有一线城市和强二线城市，如北京、上海、深圳、广州、杭州这些地方的企业真正参与到了这场变革中。

不可否认的一点是，对不同区域、不同行业的年轻人来说，他们所具有的可能性是完全不一样的。尤其是对传统行业的年轻人来讲，本身行业处于稳定的发展阶段，既没有开疆拓土的机会，也没有爆发性增长的可能性，企业里往往按资排辈，年轻人很难出头。可惜的是，很多年轻人并没有俯视全局的视野，这也使他们很难找到正确的方向。

笔者的工作让笔者可以去全国各地给地方政府做规划，梳理城市、产业发展，在此过程中，笔者深刻地感受到了国内区域和行业间的差异，笔者坚持每周更新 1 ~ 2 篇文章，就是想把自己的所见、所感分享给更多人，让年轻人在做出选择时有更多的参考。

探索热情所在

年轻人在大学和毕业后的几年里，一定要不断探索自己的真正热情所在。其中事业与感情尤为重要。对于工作要多请教过来人，倾听不同的声音，自己再做判断。还要多和业内人士讨论，了解行业是如何运作的，公司的核心竞争力是什么。

在尝试的过程中，能找到自己真正热爱的是极其幸运的。如果在工作一段时间后才发现不适合自己，也不要遗憾，所有的经历都可能在未来的某一刻成为你的助力。在你放弃的时候，有沉没成本，转行是要付出代价的，但你也要考虑你的未来成本。面对以后更漫长的日子，越晚离开，损失越多。

对待感情要认真。我们不是因为经历不同的人而成长，是经过时间的洗礼，遇到更多的事情才成长。在漫长的人生中，难免遇到挫折，不能一有困难就想到放弃。但感情又是相互的，人心的冷暖最易察觉，如果真的累了，放手也是对彼此都好。而当你去爱下一个人的时候，不要因为受过伤就小心翼翼，爱一次痛一次，也要再爱一次，否则对人对己都不公平。

每一次尝试都是需要时间成本的，而年轻就在于你还有很多时间。你一路走来，会看到很多不同的风景，远看每一次都是机会，但你走进去再走出来就是一段不算短的时间了。浅尝辄止不可能取得任何成就，你必须经过残酷的竞争，才能走向胜利。在一个领域做到足够好就已经耗费了一个人大部分的力气，你必须有所取舍。

【推荐阅读】

《问道：十二种追逐梦想的人生》，贾樟柯、赵静著，广西师范大学出版社，2011，豆瓣评分 7.4 分。

《麦田里的守望者》，[美] 杰罗姆·大卫·塞林格著，孙仲旭译，译林出版社，2007，豆瓣评分 8.1 分。

《不畏将来　不念过去》，十二著，江苏文艺出版社，2013，豆瓣评分 6.7 分。

孤独是一种普遍状态

——学会独处，坚守自我，坦诚相待

孤独是一种常态

如今的大城市一片欣欣向荣，早高峰的地铁里挤满了年轻的上班族，却又如无人般寂静。只有出现了报站的声音和开关门的撞击声，才有蜂拥而入和鱼贯而出的人群，仿佛一下子复活了。年轻人背井离乡，在大城市奔波忙碌，早上 8 点不到就要出发，8 小时工作制，6 点才下班；再加上大城市平均 40 分钟以上的通勤时间，普遍性的加班，周末甚至是单休，算下来，属于每个人自由支配的时间，每个星期可能都超不过 30 个小时。

就在这有限的时间里，还要留一些时间给家庭、个人学习成长、兴趣爱好。所以你看，毕业以后，每个人都自顾不暇，和老同学、朋友们的联络越来越少，维持一段关系变得越发吃力，几个月能见上一次已经难能可贵。久而久之，大家就习惯了一个人或者和伴侣相依为命。

人与人的交往是一种互动的过程，无论是和亲人、朋友、同学，还是偶遇的新人。很多时候，我们充满期待却欲言又止，手机里的信息已经编辑好了，却又没了勇气发送出去。许久不见，都不知从何聊起。于是，今天有了一种新型关系，叫朋友圈的点赞之交。不必私信、不必留言，轻轻一赞，雁过留声，平淡如水却又相安无事。

即使是微信点赞这种轻社交，你也会发现当你经常给一个人点赞的时候，他就会倾向于回赞。如果没有，那你就会觉得他无视你，久而久之就不愿再点赞，关系从点赞之交进一步降低。说来也是机智，微信的朋友圈还有机器学习机制，当你们互动减少之后，朋友圈刷到对方信息动态的概率也会降低。

简单来说，人都有保持心理平衡的需要，交往如果不能维持一方或双方的心理平衡，关系势必会出现裂痕。当心理出现不平衡状态时，人需要花费相当的精力去调整，时间短尚可以，时间一长，就会因耗费太多精力而疲惫。所以，很多时候我们感觉自己是一个人在战斗。

独处的能力

我们一直有对亲密关系的渴望，我们希望呼朋唤友，把酒言欢；我们愿意和爱的人辗转缠绵，共度良宵；我们渴望得到重视，成为人群中的焦点。但我们必须要认清现实：独自前行才是人生的常态。学业上你要安排好自己的时间；工作上你要有独立解决问题的能力；家庭里你要有所担当，照顾爱人、孩子。

有很多人发现，自己静不下心来好好审视一下自己的思想与行为，进行回顾与总结，为什么呢？因为他们缺少了一种能力，那就是独处的能力。独处的能力其实就是享受孤独的能力。独处的能力建立在一定的安全感之上，有了安全感我们才能放松地独处，在放松的独处状态下，我们的大脑才能完成很多重要的工作。这是因为，当大脑处于安静的放松状态时，它会自己进行整理，把新旧经验进行比较、归档，将该联系起来的联系起来。在这个过程中，说不定你会一下子想通以前百思不得其解的问题，或者灵感一闪有所发现。所以，要想让大脑发挥更大作用，激发自己的潜能，独处的能力至关重要。

开悟从来就不是偶然的，它是一个想法经过长期的"孵化"后才成型的。

就像破壳而出的小鸟，在蛋壳破开的那一刹那之前，已经在黑暗中经历了漫长的孤独。

社交的本质

当你理解了孤独是一种普遍状态，而不是你独有的落寞的时候，才能更好地去与人交往、合作。在心理学上有一个概念叫"社会兴趣"，是说一个人认识到自己是社会的一分子，愿意参与到社会活动当中，而不是活在自己那个狭窄的世界里。

社会兴趣和人生中的三件大事有很大的关系，这三件大事分别是工作、生活、爱情。

1. 在工作上，你遇到了难事多向前辈请教，而不是闷在那里不知所措。你可能觉得会打扰到别人的工作，但每个人都有困难的时候，彼此协作才能克服更多的困难。有一天你也会成为别人的前辈，同样可以把前辈对你的关照传递下去。

2. 在生活中，你在聚会上想要认识一位新朋友的最好方式，是先介绍自己的情况，再去问对方。想要知道别人的名字，要先告诉别人自己的名字。坦诚是相互的，当你走出第一步的时候，别人也才愿意向前迈一步。说实话，讲真事，可以让大家都能有效回应，这是在降低信息的不对称，自然减少了交流的成本。

3. 在爱情里，我们要做真实的自己，认真地去爱，当你用心的时候，才能收获真心。如果没有，就尽快放手好了。

今天互联网重新定义了社交空间的概念，不论我们身处何处，只要打开社交媒体，就可以立刻从现实中逃离，进入虚拟世界之中。你的微信好友列表里可能有几百甚至上千的朋友，但其中与你有良好互动关系的有极大的可能并不超过 150 位，而与你关系密切的好友恐怕不会超过 20 位。这不是个人经验之谈，而是基于统计学的研究成果得到的结论。

一个人能力与资源的有限性决定了其难以维持超过 150 位好友的社交关系。假如一个人在一天中不吃、不喝、不睡、不工作，按照每联系一个人消耗 10 分钟来计算，他最多也只能联系到 144 位朋友。维持更密切的朋友关系，可能需要一起旅游、看电影、购物、聚会，20 位朋友已经足够让你应接不暇了。

"对待每个人都要全心全意""我对每个人都好"，说这些漂亮话的人不是骗子就是无知。社交成本与认知局限已经决定了对于熟知者（强关系），我们会把他当作有血有肉的特殊个体，会关注他的喜好和秉性，揣摩他的动机和意图，并以此决定与其的交往策略；而对于半生不熟者或陌生人（弱关系），我们会做类型化处理：归类、贴标签，凭借刻板印象迅速决定如何相待。如果你不打扮得漂漂亮亮地去见陌生人，也不要怪别人看你太表面。这不是人性的功利，而是客观规律。

"君子之交淡如水"，对待这个世界，学会独处、坚守自我、坦诚相待就好。

【推荐阅读】

《道德动物》，[美] 罗伯特·赖特著，周晓林译，中信出版社，2013，豆瓣评分 8.0 分。

《孤独：回归自我》，[英] 安东尼·斯托尔著，凌春秀译，人民邮电出版社，2016，豆瓣评分 8.1 分。

《重塑心灵：NLP——一门使人成功快乐的学问》，李中莹著，世界图书出版公司，2006，豆瓣评分 8.4 分。

年轻人最大的对手不是别人而是自己

—— 超越昨天的自己

竞争无处不在

这个时代竞争是无处不在的。绝大部分中国人都经历过中考、高考，需要从千军万马中杀出重围。考上了重点中学，还有名牌大学要争取；进了名牌大学还要找到体面的好工作。哪一个不是通过竞争，或成功，或失败，才一步步走到今天的呢?

上学的时候我们和同班同学比，成绩高低很明显；工作以后我们和同事比，业绩排名很刺眼；投标抢项目，跟同行业的竞争对手比，谁成谁败很刺激；甚至去追一个漂亮的女孩子，我们也需要在众多的追求者中脱颖而出。事实上，在供给和需求不平衡的情况下，竞争就是一种正常的筛选机制。要想得到更好的东西，就必须参与竞争，逃避是没有用的。

很多时候，我们讨厌竞争，放弃参与，不是因为竞争本身而是因为我们难以面对竞争的结果。失败是让人难以下咽的苦果，尤其对弱者而言，经常性的失败会让人丧失基本的自信心。很多人都说自信就是相信自己能成功，其实不是的，自信是建立在一次次成功的基础之上的。

笔者鼓励大家坦然接受结果，但并不希望你们因此选择随遇而安的生活。

生活中大部分的事情并不是非黑即白，成功、失败是由多种因素决定的，不要因此而否定自身的价值。竞争也不总是公平的，社会本身有其运作的潜规则。但是从长远来看，你付出得越多，收获越多。即使你在这一次竞争中惨败，你收获到的经验仍会指导你下一次的比赛。

竞争中难免气氛紧张，赢了要给人以体面，输了要表现得大度。毕竟竞争不止一次，今天是竞争对手明天有可能是合作伙伴，尤其是在处理和同学、同事的关系时。很多人狭隘地只看到了自己，把自己周围的人都当成了敌人，其实大可不必。面对几十万考生，公司那么多人，你的同学、同事更像是你的战友，而不是敌人。

人生在世很多事情可以改变，很多事情没办法改变。竞争中你没办法控制对手的表现，你只能让自己变得更好。其实，绝大多数的人只是你人生中的匆匆过客，惺惺相惜、彼此祝福，远好过锱铢必较、你死我活。

人的一生最大的竞争对手是自己

人的一生最大的竞争对手不是别人而是自己：你要战胜自己的怯懦，永远向前一步，要想脱颖而出，就要抓住机会站出来；你要战胜自己的懒惰，不要放松对自己的要求，即使没有在赛道上，也要清楚自己的位置；你要战胜自己的紧张，坦然地去面对竞争，展现出自己的最佳状态，输赢自有天意。

尤其是生活中大部分的结果并没有排名、没有打分，也不会告诉你为什么会失败。你爱一个姑娘，但是这姑娘可能并不喜欢你这一款；你完全具备实力，但是你渴望得到的工作岗位早有人捷足先登，即使是按资排辈，也轮不到你。这一切你都要去习惯。

很多人都把自己的某些行为归结为个人品质使然，就是一种错误的自我认知。人的行为其实是随着情境的改变而改变的，大家都忽略了不同的情境对自己行为的影响。在一个友好的团队里，受到他人的影响我们也能变得开放而友

日 记

2018 年 X 月 X 日

健身模块

· 游泳 1 小时

读书模块

· 读了 10 页书

理财模块

· 控制了买新手机的冲动消费

培养习惯

1. 12 点之前睡觉

2. 每周两篇专栏文章

3. 记账

4. 阅读 2 篇文章

5. 注册考试

6. 每天 10 个仰卧起坐

图 8-1　结构化日记

好。在一个狭隘的团队里，小人得志，每个人都披上了一层外壳保护自己，虚与委蛇，背后捅刀就成了常态，久而久之，我们会以为自己也是这样的人。

我们要保持清醒的头脑，就要留一些时间与自己对话。记日记就是非常好的习惯，每天晚上静下心来，在电脑上敲下自己的感受：可以写遇见的人、碰到的事，或是想要培养的习惯。我们可以尝试写结构化的日记，即记录事情的前提、过程和结果，并记录下自己的感受。人的记忆是有限的，当你老了翻看过去的日记，会发现很多有趣的事情。

有竞争就难免会有比较，尤其是在这个信息异常发达的时代，我们对成功人士的了解可能比对邻居的了解都要多。与上比，看那些天赋异禀的人取得了卓越的成绩，往往自惭形秽，感叹命运的不公平；与下比，看到自己取得了一点点成绩，也很容易沾沾自喜，放松懈怠。每个人都有优点，也都有缺点。每个人的天赋、所处的时代和拥有的际遇也都不尽相同。单拿结果来进行比较是一件很无趣的事情。既然我们最大的竞争对手是自己，我们更应该与曾经的自己比。人这一生不一定强求要走得多快，只要坚持走下去就很好。

超越昨天的自己

年轻时，有人运气好，赶上了大趋势就可能走得快一点，一时间风光无限，气吞山河，好似有了摘星揽月之能；有人运气差一点，摸爬滚打好多年，也没混出个模样，感觉人生如此平淡，心里戚戚然。世俗对成功的判断是简单粗暴的，但我们不能自己骗自己。什么让你开心，什么让你感动，什么让你幸福，要自己有所判断。这是你人生操作系统的底层信念。

一般来说，我们年轻时会对未来抱有太多期待，走进社会之前，我们并不知道这个世界会有多难。而期待越高，就越容易落空。尤其是对那些来自社会中下层的年轻人来说，他们太低估这个世界残酷的竞争了。相反，倒是那些来自相对富裕的家庭的孩子，因为父母经历过大风大浪，了解到生活的艰辛，倒不会希望孩子一定要出人头地。他们会尽量为孩子营造良好的环境，让孩子去过自己想要的人生。也是因为有了闲情逸致，他们很容易独辟蹊径，获得个人的充分发展。这不能不说是一种幸运。

看这本书的你，来自不同的地区、不同的家庭。你梦寐以求的，可能只是别人毫不在意的。如果你还是被社会的财富价值观绑架，可能这一生都很难获得安宁与幸福。除了名利，爱情、亲情、友情，甚至是陌生人的举手之劳，都是值得珍惜与怀念的。

当你把竞争对手看成曾经的自己，用欣赏的眼光去发现别人身上的优点，用真诚的帮助去抚慰别人的不幸，你的世界也会随之豁然开朗。定义自己的人生坐标系，不被消费主义价值观主导下的财富观所绑架，你才会拥有内心的宁静。不要害怕竞争，勇敢地去尝试，去过高密度的生活，而不是蜷缩在角落里，你才会拥有一个真正充实的人生。

【推荐阅读】

《自我的追寻》，[美]艾·弗洛姆著，孙石译，上海译文出版社，2013，豆瓣评分 8.3 分。

《自我导向行为》，[美] 戴维・L. 华生、罗兰德・G. 夏普著，陈侠、钟小族、陈丽译，中国人民大学出版社，2009，豆瓣评分 8.6 分。

《做最好的自己》，李开复著，人民出版社，2005，豆瓣评分 7.5 分。

持续奋斗才能成为时间的朋友
——时间最有力量

做时间的朋友

花有重开日，人无再少年。时间教会我们最重要的一课就是珍惜。

生存之上，生活之下。很多人要拼了命地去工作，才勉强可以饱腹：巴西首都巴西利亚的清洁工，每天早晨 4 点就要起床，坐 2 个小时的班车赶到市中心去清扫马路；中国广大农村地区的年轻人很多初中毕业就辍学，在大工厂的流水线上，每天做着机械重复的工作。

要想做时间的朋友，一定不能只重眼前利益。就像你结识一位朋友，并不期待他马上就给你带来好处一样。那些缺乏安全感、有着稀缺思维的人尤其容易失去耐心。那些追求一劳永逸、一夜暴富的人也成为不了时间的朋友。

你选择的赛道也同样重要。如果你所处的环境的上限非常低，即使你努力奋斗也很快就会到达天花板，进而停滞不前，那你就要好好考虑一下是否要切换赛道。你所做的事情一定要有累积效应，如果每天都是新的，都需要从零开始，你也不会享受到厚积薄发带来的回报。你要关注你的相对位置，不断超越竞争对手，否则你就没办法享受到市场红利。

与时间为伍的力量

要做时间的朋友有一定的前提：第一，你要有一定的抗风险能力，拥有一定的资源，当问题接二连三出现的时候能扛得住；第二，你主观上要有很强的内驱力，所谓行百里者半九十，越往高处走同伴越少，你要耐得住寂寞，不能迷失了方向，误入歧途；第三，你要保持一定的效率，跑马拉松胜出的不是最开始跑得快的，也很少是在队伍后面的，最常见的是那些一直保持着较高速度在第一梯队跟跑的，到了最后时刻，加速发力，很快脱颖而出，成为最后的赢家。

在这个新技术、新观念、新模式层出不穷的时代，想在思维上与时代同步是一件很难的事情。这一轮技术大爆炸也主要体现在互联网、新能源、人工智能等个别领域，是以一种颠覆的方式对其他行业进行改造。我们要抱有终身学习的态度，紧跟时代的步伐。

你的信息源塑造着你的世界观，影响着你的价值观，改变着你的人生观。你可以通过长期的跟踪，筛选出一些高质量、权威性的信息源，比如传统纸媒、一些高质量的微信公众号。它们对你紧跟时代脉搏大有裨益。

想要做时间的朋友，我们还要学会自律。历史上有很多天才足球运动员，但像 C 罗和梅西这样能统治足坛十余年的却极为罕见。正是他们的自律与刻苦训练，才让他们的职业生涯长青。如果你连自己的惰性都战胜不了，又如何参与激烈的社会竞争，并立于不败之地呢？高手之间的竞争可谓分秒必争，稍不注意就错失良机。

你也要能耐得住寂寞。虽然现在国内各行各业已经充分发展，投机取巧的机会已经少之又少，但偶然的成功往往会被媒体大肆渲染，好像这个世界遍地都是年少成名，不费吹灰之力就能成为财务自由的人。这何尝不是一种幸存者偏差呢？一将成名万骨枯，失败的人都埋葬在了寥无人烟之地，没有人再去过问。对于那些需要长期积累的行业，少了时间的沉淀，就很难有胜利的果实。

不甘心会让人心理失衡，早早放弃。

从学生身份向职场员工的转变，区别很大的一点是再也没有像学习成绩那样明显的绩效指标了。原本大家都在相同的赛道，走上职场，大家就好像在旷野上一样各奔东西。你必须为自己设定一些目标，并不断努力去争取。这样，当你回首往事的时候，才不会觉得虚度光阴。

如果你想走得远，那么就一起走

亲情、友情、爱情也同样需要时间去浇灌。

如果你想走得快，那么就一个人走；如果你想走得远，那么就一起走。关系的远近取决于联系的频度和深度。当我们走南闯北，不断成长，细细回想，可以与自己有长久互动关系的人，其实寥寥无几。每一段经过时间淘洗而留存下来的关系都值得我们珍惜。当你遇到问题，你的朋友可以为你出谋划策；当你有了烦恼，可以向自己的密友倾诉；当你获得了成功，可以与大家分享喜悦；当你只是想找人聊聊天，可以与朋友一起喝个下午茶。

当然，你也要远离那些一直带给你负能量的人。他们对未来满是悲观的论调，总是抱怨当下的生活。他们自己看不到希望，也让周围的人变得意志消沉。总之，我们要以理性乐观的态度去看待未来：若期待过高，一旦希望落空，我们心里会有很大的落差；但若没有足够的期待，我们又会缺乏前进的动力。

另外，我们还要注意培养自己的协作精神。中国自古以来就有根深蒂固的自给自足的小农思想。但商业化社会强调的是分工协作，每个人都把时间投入自己最擅长的领域，通过交换获得生活所需，这会让社会的整体效率提高，也会让每个人的生活得以改善。所谓穷，就是不能把自己的时间卖到足够高的价格，以购买自己所需的服务。所谓富，就是不光能够买到自己需要的基础服务，还能买到自己想要的更多服务。

种一棵树最好的时间是十年前，其次是现在。只要你行动起来，那么永远都不晚。怀抱着对未来理性乐观的态度，趁着年轻去奋斗吧。

【推荐阅读】

《把时间当作朋友》，李笑来著，电子工业出版社，2009，豆瓣评分 8.5 分。

《追风筝的人》，[美]卡勒德·胡赛尼著，李继宏译，上海人民出版社，2006，豆瓣评分 8.9 分。

《小岛经济学》，[美]彼得·希夫、安德鲁·希夫著，胡晓姣、吕靖纬、陈志超译，中信出版社，2016，豆瓣评分 8.1 分。

在巨大的差距面前也要心平气和地去努力

——学会坦然面对

差距是客观存在的

美国的 YouTube 视频网站上有一个非常火的视频叫《漂移的人生起跑线》，在这个短片里一群大学新生模样的孩子，站在草坪的跑道上准备一场比赛，比赛的胜利者可以获得 100 美金。但在开始之前，主持人会提出一些条件，如果你符合这些条件，就向前迈两步；如果你不符合条件，就站在原地不动。在宣布完这条规则后，主持人说了第一个条件："如果你们父母的婚姻维持到了现在，向前两步。"参赛者最初的差距开始显现出来，接着主持者说出第二个条件："如果你的成长环境里有个父亲般的人物，向前两步。"之后的条件分别是：如果你有机会得到私立学校教育，向前两步；如果你请过家教，向前两步；如果你从来不用担心手机欠费，向前两步；如果你从来不用和爸爸妈妈一起担心账单，向前两步。

这个时候，参赛者之间的距离已经逐渐拉开了。很多参赛者可以在每一个条件宣布时，都开心地向前跨越两步；也有些参赛者，从最开始到现在，一步都没有移动过。有个黑人男孩看着大家一步步接近终点，已经有些迷茫了。条件还在继续，主持人高声宣布："如果你不是因为体育成绩优秀才免交学费的，向前两步；如果你从不担心下一顿饭，向前两步。"

当所有的条件宣布完，还是有人在起跑线上一步没动；也有一部分幸运儿离终点已经不到 40 米了。主持人对所有参赛者说："站在前面的人回头看一下，我说的每一条，都和你们的个人能力无关，和你们所做的决定无关，我说的每一样都和你们自己做过的事无关。现在，没有借口，他们还是要完成他们的比赛。你们也要跑你们的。但是赢得这 100 美金的人，要是没有利用这个机会学到什么，那他就是傻瓜。因为事实上，如果这是公平竞赛，起跑线一致，你们不一定能赢得比赛。只是因为你们的起跑线更靠前，你们就可能赢得这场叫作人生的比赛，这就好像是人生。你们能站在现在的位置，不是因为你们的作为。"

说完这段话，主持人让大家做好准备，宣布开跑。从短片中可以看出，那些起跑线在后方的孩子被远远地甩开了，尽管也有几个孩子迅速起跑，加速，可是在他们冲到队伍中间的时候，排在前面的孩子已经冲破了终点线。

现实生活的残酷性就在于我们只看最后的结果，没有人关心你的起跑线。那些出身卑微的人，也只有到了成功的时候才可以感慨一下当初的不易，否则谁会倾听呢？

在小说《了不起的盖茨比》里有这样一段话：我年纪还轻、阅历不深的时候，我父亲教导过我一句话，我至今还念念不忘——每逢你想要批评任何人的时候，你就记住，这个世界上所有的人，并不是个个都有过你拥有的那些优越条件。

这确实是一个快速发展的时代，从 1978 年改革开放到现在也不过是短短一代人的时间。从安徽一座县城坐上几个小时的高铁，我们就可以来到纸醉金迷的大上海，这短短的几个小时仿佛穿越了半个世纪。

便捷的交通、无处不在的互联网，让每一个人感觉近在咫尺，却又遥不可及：手机 App 里，每天都有商业大佬的新闻，你对他们一举一动的了解远远超过了对你的邻居的了解；你从县城来到一线城市，只用了几个小时，但是却感觉和城里的人们隔了一道玻璃墙。

小一点的差距，感觉努力一下就可以达到的，往往会激发年轻人的斗志；大一点的差距，很容易让人有很强的无力感，丧失前进的动力。而判断一个人是否踏实的重要标志就是，在巨大的差距面前，他是否依然能安下心来，努力进步。

很多年轻人对成功的定义是当上 CEO、迎娶白富美、走上人生巅峰；但生活中的成功，其实更应该是超越昨天的自己，超越原生家庭。

把握时代给我们的机会

事实上，大学教育确实给每个青年人提供了机会，即便是在一个三流的大学，如果你愿意也有机会接触到不一样的同学、老师，并了解他们的处事方式和三观，让你对自己的家庭和原来深信不疑的认知进行反思，从而有机会成就不一样的自己。

另一个伟大的机会是互联网给予我们这个时代的。通过互联网，我们不仅可以了解到中国的动态，还可以看到世界上优秀的理念、方法、成果，并可以学习它们。而且，以互联网技术为代表所引发的社会变革，也给每个个体提供了大量的机会，这些机会包括学习、财富积累、做事方式等。

大部分青年人得到的受教育机会和互联网为我们个人成长提供的可能性，让每个人都可以摆脱原生家庭的桎梏，站在一个更高的平台上。

遗憾的是，大部分人却不会利用这种机会。读很多年书却不会学习；整天上京东、天猫却不会用互联网学习；信息爆炸、知识过载，无法形成自己的定见和判断。

并且，许多人甚至没有动力去改变自己和自己认为不合理的机制和规则。

这里，笔者也想给年轻人一点建议：

1. 多接触一些优秀的人，去学习和请教

当你不知道什么是"好"的时候，你以为生活只能这样。当你看到更多可能性的时候，你才会激励自己去奋斗。不要怕路途远，只要不停下来就好。

2. 坚持学习和思考，把自己的想法写出来

学习和思考才会进步，你可以尝试把自己的想法写出来。人与人之间最大的不同就在于思维能力。

3. 把能做的事情做好

别再纠结于兴趣爱好、自己的选择了。你连基本的工作都做不好，人际关系都不能处理和谐，真的给你困难的任务，还不是一样垮掉。

郝景芳的科幻作品《北京折叠》里说，未来的城市会被分成三个层次。可真正的世界其实更像一张千层饼，每走一步都算数。你将拥有的家庭完全可以超越原生家庭，而你也可以成为更好的自己。

【推荐阅读】

《孤独深处》，郝景芳著，江苏凤凰文艺出版社，2016，豆瓣评分6.4分。

《瓦尔登湖》，[美]梭罗著，徐迟译，上海译文出版社，2006，豆瓣评分8.4分。

《异类：不一样的成功启示录》，[加]马尔科姆·格拉德威尔著，苗飞译，中信出版社，2009，豆瓣评分7.8分。

致　谢

　　我一直觉得自己是一个非常幸运的人。构成这份幸运的基石有两个：一个是我父亲、母亲为我营造的幸福家庭，感谢父母的养育之恩；另一个是在一路上可以遇到如此多的良师益友。

　　感谢我的良师。感谢我的小学老师刘丽梅女士、国旭红女士，她们让我养成了良好的学习习惯。感谢我的初中老师周秀梅女士，她是我的班主任，她的鼓励让我一直认为自己会是一个有所作为的人。感谢我的初中语文老师崔健女士，是她让我发现自己在文学上有一定的天赋。感谢我的高中老师刘树发先生，他的乐观与热情一直激励着我。感谢信华女士，在她的督促下我考上了满意的大学。感谢我的大学辅导员杨志丹先生，我们亦师亦友，他也给了我很多的帮助。感谢我的硕士生导师杨东援教授，让我在专业上有所精进，他是我的人生楷模。感谢我的人生导师刘德良教授，在我很多次重大人生选择上给了我最真诚的建议。

　　感谢我的益友。感谢东北大学博士李宽贺，经常与我进行人生话题的探讨。感谢陈曦、蒋东明、毛欣蕊、周沫、王玮琦鼓励我坚持创作。感谢我的大学室友高经纬、王思超、段帅、金恩民，他们一直为我加油打气。感谢我的大学好兄弟杨一蛟、王天之、王东、边冬、姜天弈、王耀东、尉宇峰、王天宇、欧开海、余思远、刘锐、张天畅、马能、龙家彦、宋少飞、陈利霖，遇见你们很幸运。

感谢我的领导。感谢蒋应红女士、庄捷先生、黄昊先生、彭庆艳女士、齐振锋书记、赵红坡先生、张涛女士，在工作之余，我坚持写作，也得到了各位领导的支持。

感谢天地出版社为本书倾注的心血。

感谢北京大学王琳学姐、同济大学王鹏理学长、复旦大学徐烨学姐对我新书选题的建议。

感谢母校同济大学、辽宁省实验中学、沈阳市第八十二中学。

最后还要感谢每一位读者，谢谢你们。如果本书能对你们有一定的启发，我就已经心满意足了。希望和每一位读者都成为朋友。

需要说明的是，本书"推荐阅读"中的书目的豆瓣评分是 2019 年 4 月份查到的相关数据。